女人的资本

肖卫/著

天津出版传媒集团
天津人民出版社

图书在版编目（CIP）数据

女人的资本 / 肖卫著 . -- 天津：天津人民出版社，2019.7
ISBN 978-7-201-14686-7

Ⅰ . ①女… Ⅱ . ①肖… Ⅲ . ①女性－成功心理－通俗读物 Ⅳ . ① B848.4-49

中国版本图书馆 CIP 数据核字（2019）第 084782 号

女人的资本
NÜREN DE ZIBEN
肖卫 著

出　　版　天津人民出版社
出 版 人　刘　庆
地　　址　天津市和平区西康路 35 号康岳大厦
邮政编码　300051
邮购电话　（022）23332469
网　　址　http://www.tjrmcbs.com
电子邮箱　reader@tjrmcbs.com

责任编辑　王昊静
策划编辑　吴海燕
特约编辑　徐红有
装帧设计　元明设计

印　　刷　大厂回族自治县彩虹印刷有限公司
经　　销　新华书店
开　　本　880×1230 毫米　1/32
印　　张　7
字　　数　105 千字
版次印次　2019 年 7 月第 1 版　2019 年 7 月第 1 次印刷
定　　价　39.80 元

序

都说女人如花，的确，女人就像花朵一样，在不同的阶段呈现出不同的风采，更扮演着不同的角色。她曾是莞尔一笑的娇俏少女，被父母呵护在掌心；追求人生理想，奔跑在求学和工作的路上；遇到美丽的爱情，从此变成贤惠体贴的妻子；孕育可爱的小生命，为一个小家伙付出全部。从此，披荆斩棘，无所不能。

这样的生命旅途，让女人充满斗志，不断提升自我；也让女人被压力和琐事困扰，不知道如何适应转变。那么，女人在每个阶段应该如何把握自己，才能充分发挥自己的优势，拥有更完美惬意的人生呢？

《女人的资本》总结了成功女人应该具备的特质，教大家善用女人的优势，修炼和提升自己，做一个内心强大的魅力女人。

女人精心保养的容貌、身材是一道曼妙的风景，给人以美的享受，也给自己增添了快乐和自信。另外，女人悦耳的声音给颜值锦上添花，即便没有美丽如花的容颜，婉转动听的声音也可以为自己增色不少。

都说女人因可爱、优雅、温柔而美丽，足见气质对女人的重要性。气质需要在阅历和环境中养成，伪装不来，正如亦舒说过的："真正有气质的女人，从来不告诉别人自己读过什么书，去过什么地方，有些什么衣服，拥有多少珠宝，因为她不自卑。"

好心态是年轻的标志，好心态让女人觉得一切都充满希望，洋溢着蓬勃的生机。即便年纪大了，但是拥有阳光心态的女人，不仅抗挫折能力强，而且勇于直面任何困难，富有解决困难的能力，处在奋发图强而不贪图安逸的状态。

从交际方面来看，每个女人天生都可以成为社交高手。女人在社交中更懂得权衡得失，同时更能表现出天生的礼貌和耐心。只要女人愿意，总能慢慢培养起自己想要的社交关系。

在职场，女人是娇艳的玫瑰，每时每刻都散发着迷人的芳香，慢慢绽放自己的美丽。在远离力量，以智力取胜的办公场所，女人并不比男人差。缜密的心思、超强的耐心、良好的人际协调能力，这些得天独厚的优势，让越来越多的女性在职场上受到重用，创造了非凡的成绩。

婚姻如同一所学校，女人要靠自己的悟性学会两性间的沟通、理解。耐心是婚姻幸福的平衡点，在婚姻的围城里，谁更有耐心，谁的婚姻就更持久。在婚姻的迷宫里，女人只有学会耐心地寻找出口，耐心经营，才能收获更加美满的两性关系。

教育孩子是女人一生的使命。女人不仅仅赋予孩子生命，带他来到人间，更要让他快乐地成长，并不一定要给他丰裕的物质财富，但一定要给他足够的能量，这些能量来自丰盈的心灵，这些能量将支撑他坚定地走过人生的漫漫长路。

…………

上天给了女人一身的资本，但仅有一部分女人发挥了优势，于是她们就成了女人中的佼佼者。既然我们有如此的天资，如果弃置不用，岂不可惜？所以我们要精心去雕琢自己，发挥自己最大的优势，在未来成为自己喜欢的样子。

目录

第六章 善交际的女人最成功

第七章 女人的心态是养出来的

第八章　隐藏在女性体内的性格优势

第三篇　冰雪净聪明，雷霆走精锐

第九章　玩转职场，你缺什么

第一篇

清水出芙蓉，天然去雕饰

西蒙·波娃说过："我们不是生为女人，而是要做女人。"虽说从出生开始，我们就是女儿身，但是这并不意味着我们便懂得如何做女人，所以从出生到死亡的那一刻，我们一直都在习得做女人的能力。

上天给了女人一身的资本，但仅有一部分女人发挥了优势，于是她们就成了女人中的佼佼者。既然我们有如此的天资，如果弃置不用，岂不可惜？所以我们要精心去雕琢自己，发挥自己最大的优势。

第一章

你有多了解自己的身体

在如今苗条、丰满各有所爱的时代，每个人对身材的偏好都不一样，但对美的追求却是一致的。

很多优美的身材都是通过锻炼而来的，然而，有一些女人为了想要的身材而摧残自己的身体，比如，用东西把腰部缠得紧紧的，最终成为特别夸张的细腰。当然，这只是少数女人的疯狂“杰作”。

女人20，骨感美人也可以很性感

现代人以瘦为美，很多人都追求苗条的身材，甚至追求骨感美。很多女人喜欢骨感体形，因为这样的身材退可以成为苗条体形，即使有时候放纵口腹之欲，也没有太大压力。

骨感女人引人注目的是锁骨。骨感女人身材清瘦，当肩膀瘦下来，锁骨窝自然显而易见，而锁骨尤为凸出。

在骨感女人的身上，锁骨是最凸显优雅气质的地方。同时，它也是女人最适合裸露的部位，因为它连着饱满的肩头，与肩形成的锁骨窝，在强烈的光线之下，成为女人形体中一道美丽的风景。

锁骨不同于小腿，小腿的位置在身体的最下面，并且经常被看到，而锁骨的凸现表示肩膀上没有赘肉，给人一种清瘦中自有气质的感觉。它也不同于女人的大腿，锁骨的显露不涉及隐私，是女人极富韵味的地方。

女人的锁骨是性感的标志，也是骨感的标志。每个女人都希望拥有漂亮的锁骨，在她穿上连衣裙时，露出美丽的、修长的脖子，戴上一串项链，让项链直接落在性感的锁骨上，可以最大限度地展现自己的性感，让自己变得更加明丽动人。

骨感女人身体灵活。在跳舞方面，骨感女人犹如一只白天鹅，在演艺的舞台上独自绽放自己的美丽和风采，这是一种独特的魅力，杨丽萍就是绝好的典范。

骨感女人是设计师的最爱。在设计师的眼中，骨感女人是衣服架子，也是最容易撑起衣服的模特。这样的女人仿佛天生就是为衣服而生的，可以使衣服显得熨帖大方。

骨感女人对食物没有忌口。即使是高热量食物，骨感女人也可以随意享用，因为她们有自己的锻炼方式和消耗食物的方式，能够很好地保持身材。

骨感女人让男人有保护欲。骨感女人有林妹妹弱不禁风的纤弱，令男人对其有不胜怜惜之感，从而生出怜爱与呵护的冲动。

虽然骨感是女人一种美丽的代表，但是须注意爱美的同时也要珍爱健康，一定不要过度减肥。

修炼

通过穿衣来凸出锁骨：在休闲的时候，可以穿V字领和一字领的衣服，也可以适当地把阔领的T恤斜肩穿着，露出一半的锁骨和肩头，让一抹性感的气息不经意间出现在空气中。

让锁骨凸出的运动：站直身体，双手按在两侧腰上，双肩由前往后做最大限度打圈运动，向后打圈时会自觉挺胸收腹，至少做60次。双手自然下垂放在胯骨上，向上耸肩，直到肩膀发酸发热。

很多骨感女人的身体是节食练就出来的，其实是靠消耗自己的能量，在这里，建议大家不要一味节食，正确的方法是依靠运动。大量的运动同样可以消耗脂肪，而节食对身体有负面作用，尤其对心脏不好。

名言

身体的健康在很大程度上取决于精神的健康。

——约翰·格雷

身体是我们从物质世界获取一切援助和力量的导管。

——爱默生

女人30，有节制的女人不会胖

中国女人喜欢苗条的身材，所以很多女人拼命地减肥，就是为了让自己瘦下来，慢慢显现出婀娜多姿的身材。

并不是所有人穿什么都有范儿，有些人穿衣服让人感觉衣服犹如堆砌在身上一样，完全看不到立体的效果，从视觉上给人一种臃肿之感。而苗条女人穿什么都好看，并且穿上衣服能够展现出曲线美。在这样一个以瘦为美的社会里，模特作为时尚的风向标，身材多数是苗条的，这也是苗条如此流行的原因之一。

苗条女人的身段灵活，腰肢纤细灵活，令人赏心悦目。这在社交场合中也会自然地带给她一种自信。

张虹身材苗条，是个长相清秀的美女。在很多场合，她都是被关注的对象，单位的领导每次出席会议，必定要带上她。张虹的业

务能力强，而且口才不错，每次在谈判桌上，她都是战无不胜、攻无不克的多面手。她最终被一位英俊帅气的老板俘获芳心，婚后成为一名家庭主妇。

可是家庭主妇自有另外一种艰难。张虹从怀孕的时候起就和婆婆之间矛盾重重，生完孩子，她坚决拒绝做家庭主妇，发誓要重新找回自我。可是生完孩子身材就走形了，她不得不时常穿宽松的衣服出门，昔日的自信渐渐消退了。加上婆婆经常说长道短，婆媳关系日渐紧张，甚至有时她会为一点儿小事大吵大闹，她都不敢相信自己竟然变得这样泼辣。

有一次，她把女儿骂了一顿，女儿被吓得直哭。此时她感到不知所措，反思自己为什么变成现在这样，最后得出结论：这一切都是因为自己身材走形，加之在单位工作失利，才导致性情变得暴躁。当天晚上她就制订了一系列计划，决心改变自己当前的状态。

第二天，眼睛通红的张虹走出自己的房间，热情地向公婆打招呼，然后亲亲女儿，吃完早餐就上班去了。她工作还是和以前一样认真细致，晚上在家开始运动瘦身。到第三个月，张虹恢复了昔日的苗条身材，也找回了以往的自信和快乐。

通过张虹的例子，我们不难看出，身材对女人的心理影响不容忽视。好身材的女人一般更自信，而自信的女人在职场中是很容易成功的。

可能由于在职场更加成功，所以女人越来越愿意向苗条的方向发展。“苗条女总理的养成”就是一个女人转变的好例子。

默多克从“重量级的政治家”转型为苗条女总理，这使她拥有了更加自信的风范。原来，一次滑雪受伤后，默多克改变了自己的饮食习惯，严格遵守作息规律。在医生的嘱咐下，她每天坚持按时睡觉，戒酒，拒绝吃含有奶酪和肉糜的三明治，多吃水果，在工作面前戒掉急躁心态，坚持康复锻炼等。

苗条的女人本身就是一道风景，在街上行走的时候，会让很多人的眼神随之游走，当然也会招来一些羡慕和嫉妒的目光。正因如此，女人都爱苗条，于是减肥产品的广告满天飞。但是减肥产品存在一定风险，“是药三分毒”，即使是中药，它对人体也有一定的副作用。所以奉劝爱美的女人，不要将希望寄托在减肥产品上，那样只会得不偿失。

女人保持作息和饮食规律，就可以让自己的身体慢慢得到调整。如果想要真正的苗条，那就要做好锻炼，在运动中一点点地减少脂肪的积累，这样才能达到身形苗条，让自己越来越有信心，甚至整个人都会心胸开阔起来。

修炼

第一，改变自己的饮食习惯。饭后不要立即坐下或睡觉，最好能保持站立的姿态30分钟，可以适当散步或整理东西。这样有利于减少脂肪堆积，还可以帮助消化。因为饭后半个小时内保持不动，容易使脂肪堆积在腹部。女人要想有苗条身材，所吃的食物要煮熟，食用健康食品，少喝碳酸饮料，少嚼口香糖，增加矿物质。

第二，矫正走姿和坐姿。走路时，要抬头挺胸、摆动手臂。如果女人经常环抱手臂在胸前，腹部没有出力，就容易形成凸起的状态。摆动手臂走路，可以消耗更多的能量和脂肪，也使人看起来精神饱满。坐下时要挺直脊背，不要弯腰或挺腹，如此可以训练自己的腹肌，使腹肌有力，没有小肚腩。

第三，多做运动。比如转呼啦圈、仰卧起坐，甚至伸伸懒腰等，都可以逐渐消除自己腹部的脂肪，使腹肌日益结实，平坦性感。

第四，修炼苗条肩背。直立，双脚分开略宽于臀部，微微屈膝，双眼直视前方，后背挺直。双手握住一个两磅重的球或其他等重物体，放在臀部。右手持球，双臂伸直上举，在头顶处将球传到左手。双臂下降，回到臀部，重新开始上下传球的动作。如此重复至少20次。传球的时候，动作要慢，不要靠冲力来完成整个动作。值得注意的是，不要靠活动手腕来完成传球的动作，手臂、后背、脖子都要挺得笔直。

第五，修炼腿部线条。锻炼大腿和臀部肌肉比较好的运动方式有步行、骑自行车（包括在室内骑健身自行车）、越野滑雪、爬楼梯等。

第六，保持正常的作息时间。人睡眠不足，容易长胖和水肿。休息不好就能苗条实际上是一个误区，这样即使瘦下来，也容易反复，所以保持规律的作息时间很重要。

名言

美丽的身材可以吸引真正的倾慕者，但是想要持久地吸引他们，需要有美丽的灵魂。

——科尔顿

女人40，丰满也是一种美

有些女人是天生不瘦的，这也在于遗传。并非每个女人都喜欢瘦的样子，不少女人觉得减肥是一种不可理解的行为。她们觉得女人何苦虐待自己的肉体，放着美好人生不享受，偏偏要为难自己。

说起丰腴、丰满，很多人第一个想到的是唐朝美人。唐朝确实以胖为美，但不是以肥胖为美，而是以丰满为美，否则就表现不出雍容华贵的气质。

很多美丽的女人都拥有丰满的体形，她们的共同特点是胸部圆润，蛮腰细柔，臀圆且翘。这样的身材除了天生，还离不开后天的养成。

丰满的女人懂得包容，善于给家人营造和谐的氛围。丰满的女人一般心胸比较开阔，所以她们能够包容家人，喜欢为他人着想，同时将心思倾注于让家人的生活过得幸福满足。

丰满的女人能给人安全感。丰满的女人往往慈眉善目、温柔敦厚，而且心地单纯，极少心机，在家庭方面给人以更多的安全感。

丰满的女人人缘好，这是她们凭借自己的真心实意换来的。她们在邻里、工作中与人为善，每天跟人见面送去一声礼貌的问候，给人一个温暖的笑脸，感染着周围每一个人。她们对周围人友善，从而广结人缘。这种亲和力可谓是丰满的女人与生俱来的法宝。

丰满的女人有着雍容华贵的气度。丰满的女人脸颊丰满圆润，给人温柔可爱的感觉，看上去没有刻薄之感，而有一种贵气，虽然不一定大富大贵，但多半可以自给自足、衣食无忧。丰满的女人为人处世宽容和缓、不急不躁、平和大方，处理事情有理有度，善于服众，有大气雍容的风范。

丰满的女人美丽健康，也正是健康的身体让她们成为美丽的女人，周身散发着母性的光辉，柔和温婉的性情是其无尽的魅力所在。

修炼

第一，放宽心境，别为生活所累。放松心情，让自己快乐地生活，日常生活中的安稳是幸福不竭的源泉。

第二，照顾好自己和家人，保证充足的营养，让自己和家人的身体都充满能量。

第三，适时按摩身体。使用100%纯天然的精油按摩，有助于使胸部更加丰满，使身体的线条更富美感。但要经测试确认自己不是过敏体质后再用，控制用量和浓度，避免盲目、过度使用。沐浴之后，按摩5~10分钟，在生理期前两周按摩，效果会更好，但要避开生理期。也可用天然葛根进行辅助调理，这样效果会更好。

美只愉悦眼睛，而气质的优雅使人心灵入迷。

——伏尔泰

美丽女人S形

有人说，最完美的女人是天使面孔、魔鬼身材。可是面孔是先天的，即使整容也需要金钱和运气；而魔鬼身材是可以锻炼的，通过后天的锻炼就可以成为完美身材的拥有者，所以很多女人为了这一目标锲而不舍地进行锻炼。

女人的S形身材被大家公认为完美身材，它需要后天长时间的锻炼。S形身材简单描述就是丰胸、细腰和翘臀。但是在如今不缺乏能量的时代，保持S形身材是非常困难的一件事。

S形身材不仅跟饮食习惯有关，还跟基因有关。欧美女人由于长时间摄入丰富的乳制品，形成S形身材相对容易些；亚洲女人如果要想拥有S形身材，多数需要饮食和锻炼相结合才能够达到。

按照身材来分，其实身材不只有S形，还有A形、V形、O形、H形，这些体形各有缺点，让我们先了解下身材的具体类型。

A形身材又被称为梨形身材，A形身材的女人一般具备肩窄、胸围小、胯部和臀部宽，或者腿粗的特点。这种体形很像一个大大的A字，肩膀单薄，上身苗条，从腰部、臀部开始渐渐发胖，大腿的脂肪比较多，小腿也不纤细。这被称为“慵懒型身材”。

V形身材和A形身材正好相反，也被称为Y形身材，属于上身比较宽大，从臀部往下越来越细，就像一个V字一样。拥有这样体形的女人往往上身比较宽大，腰部较细，臀部大小适中，从腿部往下开始变瘦，小腿、脚腕尤其纤细。上臂有一些脂肪，但下臂较细。

O形身材，又称圆润型身材，上肢和下肢正常，但腰部、腿部脂肪堆积，小肚子脂肪比较凸出，这种体形的女人是单纯性的脂肪细胞增大，体重的涨幅并不一定会增大，但体形会有明显的变化，天生的骨盆比较宽大，腰部肌肉的弹性一般，容易从中间向两端发胖。

H形身材，又称为筒型身材，这样身材的女人肩膀宽，胯部窄，双腿长，胸部相对较平，三围并没有明显的曲线，主要表现为胸部、腰部、臀部的尺寸比较相近，整体上并不算肥胖，只是因为有过多的腰际肉，使得上半身的曲线缺乏变化。

A形身材的女人只要适当锻炼就可以纠正下半身的肥胖；O形身材的女人胖胖的，需要常做锻炼，作息、饮食规律；H形身材的女人一般需要补充营养和锻炼身体。综合比较这几种常见的身材，最终胜出的是S形身材。

S形身材的女人自信心强。无论是工作，还是生活，她们都拥有强大的自信心，这些自信心有一部分是S形身材带来的。她们在生活中会得到很多男人的追求，而女性艳羡的眼神更会让她们自信满满。

男人欣赏S形身材女人的外形，其实这是对美的一种欣赏，也会转化为对女人的一种好感。S形身材属于女人的资本之一，合理地修饰自己的身材，对于女人来说何尝不是一种对美好事物的追求。

S形身材的女人性格开朗。S形身材的女人多数是身体健康的，一般精力旺盛，神采奕奕。很多人都喜欢跟她们打招呼，而她们爽朗的笑声无形中把愉悦传递给他人，将快乐的磁场传播开来。

当然，对于S形身材的女人来说，需要花费精力保持的，不仅仅是锻炼和饮食均衡，还有健康的心理，好身材是后天修炼的。

修炼

第一，对自己的身体有一个充分的认识。第二，根据身材的不同，制订不同的锻炼计划，其中身材肥胖者需要减肥，身材瘦小者需要增肥。第三，无论是胖是瘦，都需要补充营养，身体健康是不容忽视的前提。第四，保持积极乐观的心态。

仰卧起坐细腰法：躺在床尾，臀部以下留在床外，然后膝盖弯起使大腿在腹部上方。双手伸直于身体两侧，掌心朝下放在臀部的下方。接下来腹部要用力，慢慢数到10，过程中把腿往前伸直，脚尖务必朝上，使身体呈一条直线，然后再数到5，过程中将膝盖弯曲，大腿回到原来的位置。注意背部、肩膀和手臂都要放松，应感觉到肚子在用力。

提臀法：在你深吸气的时候，收紧臀部肌肉，呼气的时候再放松，如此反复。收紧臀部肌肉能给你一个更紧致的臀部。

有许多可爱的女性，但没有完美无缺的女性。

——雨果

女人如花，善于保养不会老

时间是女人容颜的最大敌人，很多美丽的姑娘都是在时间里慢慢变老，一旦青春不再，这个时候女人就需要保养了，保养容颜，保养身材，才能有好的心情。同样，有好的心情，那么年轻、健康的身体就回来了。

在生活的压力之下，不少成熟女人的皮肤会出现明显的色斑，皮肤暗淡无光泽，毛孔粗大，痤疮不断。这样的现象越来越年轻化了，多数是由内分泌失调导致的。

这时就要做好保养了，在饮食方面，可以吃一些含有激素的食物，比如蜂王浆、小茴香、大豆、石榴、淮山、当归、雪蛤等。大豆类食物中简单便捷的是豆浆，因为大豆中含具有双向调节功能的雌性激素，家里只要有一台豆浆机，买一些优质的大豆就可以开始每天调理身体。

有人说，东方女人比西方女人绝经期晚，就是长期服用豆浆的缘故。女人在40岁之前喝豆浆可以增加雌性激素，在40岁之后喝雪蛤或者蜂王浆，可以补充雌性激素，推迟更年期，减轻更年期的症状。

另外，豆浆和蜂王浆还可以外敷，生的新鲜豆浆可以用来做水分面膜，豆渣可以用来按摩身体祛除角质，蜂王浆擦脸比化妆品更加便宜、天然。除此以外，女人还要保护好自己的卵巢，注意卫生，如非万不得已不要做人工流产，不然很容易引发炎症，使整个生殖系统遭受重创，最后很难调理复原。

无论在哪个年龄段，女人都不要让自己受寒，因为寒冷是造成一切麻烦的根本原因。冷会让女人气血不畅，导致手脚冰凉、痛经，还会使面部斑点增多，皮肤在缺少润泽的情况下会渐渐变得毫无生气。

女人的体质一旦过冷，身体系统就会自动增加脂肪来保护自己的体温，很多女人因为小肚腩而倍感烦恼，其实这是生殖系统自我保护的结果。如果气血充足，那么肥肉会自动消除，完全没有存在的必要。

现在的女人津津乐道于减肥、节食，只吃蔬菜、水果，但是这些食物多属于寒凉性质，长此以往会导致女人脸色苍白，而肉类中含有大量的铁元素，可以让女人的身体避免贫血，同时还能给身体补充大量的能量。

还有的女人想拥有瘦瘦的腰肢，就用束身内衣把腰束得紧紧的，以为这样可以限制腰部脂肪的快速增长。但是她们很少锻炼，而生殖系统没有血的供应，会更加寒冷，进而促使身体增加更多的脂肪。如此说来，腰部束身其实是完全达不到效果的。

办公室的女性由于久坐，血液都淤积在小腹处，这些不流动的血积压在盆腔位置，最容易诱发盆腔炎症，女人的脸上自然就会发黄起斑。

不少女人都喜欢吃冰冷的食物，比如冰淇淋，这样的凉性食物会促进脂肪的增长，还有一些女人怕上火起痘所以喝凉茶，但是凉茶也是凉性的，尽量不要多喝，因为这样的饮品会让女人的脸色黯淡，皮肤斑点增多，也容易加重肥胖。

正如那句话所说，女人是水做的，女人一定要保护好自己的“水源”：眼睛里面是一汪清泉，脸上是水润光滑有弹性。为此，饮食上不能吃刺激性食物，比如特别辛辣、味道浓烈的食物，因为这样的食物会减少或者损耗人体的水源，如果加上过冷、过热，那么损耗就更大。另外，有一个好心情非常重要，要避免上火动怒，否则会使水源严重损耗。在食物方面，要多吃含有维生素的食物。

女人要保养的地方还有很多，不过保养什么都要注意有一个好的心态。心态好，心态年轻，方可让自己长葆青春。

修炼

女人的保养分为生理保养和心理保养两个方面。

生理保养比较容易，不仅要对身体各个部分进行保养，让身体处于活力旺盛的阶段，而且要通过锻炼，让身体的内在活力迸发出来。女人的生理保养主要侧重于滋阴，但是这需要在专业中医的指导下调理，不可胡乱滋补，否则只会火上浇油。

在心理保养方面，一部分女人经历了许多人生波折，已经宠辱不惊。也有一部分女人反而变得麻木，对周围很多事情都很淡漠，这个时候需要多读书，多写字，用文字记下自己的心路历程，梳理自己的人生观，多读治愈系的诗歌、散文。还有一部分女人内心布满伤痕，需要时间来抚平创伤，帮助其自然愈合。

健康的饮食和规律的作息是一个女人美丽的根本，不注重这两个方面，即使滋补再多，也会耗损本源，最终让自己的身体备受戕残。

心大则百物皆通，心小则百物皆病。

——朱熹

每个优雅的女人都有动听的声音

优雅的女人，其声音有着独特的韵致。温柔悦耳的声音往往会让人沉醉其中，这样的音色具有独特的属性。声音在听觉感官上给人留下良好的第一印象是非常重要的，且不论长相的美丑，声音的特征便已经赋予了女人特有的魅力。

你可以像云一样轻轻柔柔

轻柔的女声令人迷醉，带有一种温柔的气息，如同情人的低声絮语，没有一丝违和感，仿佛片片白云在天空中飘荡，给人一种清新柔和的感觉。

一般女人只要有足够的耐心，语速放慢，语调放柔，都可以达到轻柔的效果。当轻柔的女声传至耳畔，人们的精神往往会为之一振，抑或是在动人的音色里心醉神驰。

轻柔的女声是快乐的代名词。轻柔的声音有一种强大却柔和的力量，仿佛没有什么能够打断它一样。人们都愿意聆听这样轻柔的女声，因为这样的声音最容易带来快乐。

轻柔的女声让烦躁远离。当人们遇到困难找人倾诉的时候，往往觉得轻柔的女声才可以让自己紧绷的神经得到些许的放松，对这种声音说出自己的烦心事情，虽然不一定要她给自己排忧解难，但是有她在旁边倾听就会很放松，如果再听听她轻柔的声音，就能让烦躁的情绪烟消云散。

轻柔的女声可以安慰受伤的心灵。当他人受到伤害的时候，纤细柔和的声音充满平和宁静的气息，让受到伤害的人静下心来，坦然接受现状，内心变得强大，不再悲伤哭泣，放下过去的伤害，过好当下的每一天。

相反，如果一个人在受伤的时候，却受到强硬语气的刺激，那么他的情绪只会产生更大的波动，不利于平复心情。一个人在受伤时，如果柔和的女声响起，很容易让受伤的人有温暖的感觉，觉得她是一个可以倾诉心事的人，让自己的心情平静下来，慢慢走出这段伤心的往事。

轻柔的女声散发着母性的光辉。这种母性的光辉可以照彻每一个寒冷的角落。声音的主人有时候出现在一些流离失所的小动物面前，让它们得到短暂的安慰，为它们建立新家；有时候出现在孤寡老人的老年公寓，为他们演讲或者唱歌；有时候出现在幼儿园，给孩子们讲故事，让他们安静地沉浸在动人的故事里。

轻柔的女声让孩子听话。轻柔的女声展现出温柔的本质，所以孩子比较喜欢跟有着轻柔声音的女人沟通，将其视为自己亲密的朋友，而这样的人不局限于妈妈，也可以是邻居阿姨或幼儿园老师。

轻柔的女声会循循善诱，引导孩子逐渐树立起自己的价值观，并成长为一个优秀的人。

轻柔的女声在职场中富有魅力。轻柔的女声适合汇报工作，这种优势会得到领导的重视，声音的主人会被派去参加公司的谈判，在这样的场合往往能够将任务圆满完成，并且渐渐成为公司谈判的主力，甚至成为业内的谈判专家。

轻柔的女声推销产品的时候，客户往往会被温柔的声音吸引，加强合作意向。凭借轻柔的声音，女人很容易就能建立起这种友善的人际关系，并发展自己的人脉。

轻柔的女声也是一种行政能力。有着轻柔声音的女人，个性往往比较随和。即使是一些脾气不好的人，在轻柔的女声面前也会甘拜下风，因为轻柔的女声中有着一种柔韧，它不会跟人比强硬，而是擅长以柔克刚。

或许你的嗓音很有特色，但是对待同事、朋友的时候，不妨尝试用轻柔的声音，对待孩子的时候也同样如此，相信你会收到意想不到的效果。轻柔的声音好处多，你可以用心试试。

修炼

想拥有轻柔的声音，女人要沉住气，把音调放低，下巴收缩，开口说话，徐徐出声，这样可以达到轻柔的效果。如果达不到，可以微调，先从小声说话开始，再加入一些感情元素，让轻柔的声音更加饱和。平时要保护好自己的嗓子，避免喊破音的情况出现。

声音听起来应当像意念的回音。

——蒲柏

你可以像花一样甜美迷人

有人说，声音是听得见的色彩，色彩是看得见的声音。当然，每个女人的音色不同，有的是先天形成的，有的是后天形成的。但在所有的声音当中，最吸引人的还是甜美的声音。

女人的甜美是一个跟年纪没有关系的属性，其中甜美的声音赋予女人最大的魅力，不亚于甜美的娇颜。在如今这样一个美女泛滥的时代，甜美的声音其实比甜美的容颜更加打动人心，更加具有优势，因为专门打造自己嗓音的女人比整形的女人少得多。

甜美的声音有种甜蜜蜜的味道，让听者仿佛生活在蜜糖之中，享受着幸福的气息，甜美舒畅。

声音的甜美是可以听出来的，其中包含感情的甜美也是可以听出来的。从声音可以听出一个人的精神状态，虽然声音有些是天生的，但是饱含感情的甜美确实是声音可以表达出来的，让听者感到被关注和欣赏，心情愉悦。

甜美的女声是好心情的开始。甜美的女声，会让人联想到春暖花开，犹如春天的对白，而心情也会由阴云密布转至碧空如洗。

李甜歌是一个声音特别甜美的女孩子，她交友广泛，朋友也喜欢跟她一起玩。她的甜美犹如磁石吸引着身边的朋友，每次听到她的声音，大家都会由心而生一种愉悦，如同畅饮一杯甘美的奶茶。因为她的声音甜美悦耳，即使是疲惫和压力也会被驱散到九霄云外，所以很多同事喜欢跟她沟通。

甜美的女声让男人痴迷。很多男人都喜欢甜美的声音，因为它会带来听觉上的愉悦，令人心旷神怡。

甜美的女声让人沉醉。这在歌坛已经不乏例子。在甜美女声系中，邓丽君的声音是最典型的代表。20世纪70年代，邓丽君的歌声风靡整个亚洲，她的歌迷写道："她的嗓音很有特色，几乎听不出有任何换气的地方，可以在没有鼻音的状况下唱出连续的高音，而且她的中文咬字也非常清晰，音色又细又柔，令人着迷。"邓丽君的歌声即使到现在也依然让人们着迷，特别是那首《甜蜜蜜》，把甜美的声音表现得淋漓尽致，让人沉醉不已。

甜美的女声是可以塑造的，即使已经不在少女时代，但是依旧可以通过训练，再加上充沛的感情渗透，让自己发出甜美的声音。

修炼

声音呼吸法：闻花香，把气深深地吸下去，一直吸到肺里，使小腹及腰围有胀满感，要吸得深入、自然、柔和。

胸腹联合呼吸法：吸气时，两肋展开，横膈下降，胸部稍向前倾，小腹自然内收，后腰坚挺饱满，发声呼气时用腹肌控制出气量的大小与力度，在小腹肚脐下三指处形成一个支力点。传统的戏曲把这叫“气沉丹田”。

需要练习共鸣音，通过头腔、鼻腔、口腔、喉腔、胸腔等共鸣腔的练习可以找到甜美声音的影子；需要让自己拥有甜美的幸福，把这样的幸福融入声音中。

名言

声音能引起心灵的共鸣。

——威·柯珀

你的声音可以像黄鹂一样清脆亮丽

最常见、动听的女声是清脆的声音，清脆的嗓音比较大众化，很多女人都拥有，有一些人的声线比较纯净，有一些人的声线比较复杂。

拥有清脆声音的人唱歌比较好听，可以唱女高音，也可以唱女中音。

清脆的女声犹如空谷黄鹂，犹如歌声般婉转，如银铃般悦耳。所到之处，大家无不对它印象深刻，同时它也将快乐一路播撒，犹如一阵夏日的凉风让人精神一振，又燃起了对生活的无限希冀。

张翠梅是一个喜欢唱歌的女孩子，从小嗓音清脆，当年老师都希望她报考音乐学院，可就因为高考成绩差了几分，她终究没有如愿以偿去音乐学院读书，而是在一所普通的大学读完本科后就回到家乡，考了当地的事业单位。虽然早已结婚生子，但对音乐的那份热爱始终蛰伏在她的心中。

机会终于来了。电视台关于女子同台竞技唱歌的节目日益火爆，她按捺不住，报名参加了，但随后就后悔了，因为还没有征得丈夫的同意。预赛在省城举办，她找了个借口请假过去了，没想到她清脆的嗓音博得了评委老师的好评，甚至有位评委老师直接想收她为弟子。但是她希望凭借自己的实力来取胜，婉言请求评委老师将这件事放到节目结束之后再商量。

张翠梅在台下与其他选手都相处和睦，在台上，她完全是凭借自己的嗓音来唱歌，技巧上有很多欠缺，但是经过几番培训之后，她的唱功突飞猛进，最后的一次培训，指导老师欣赏她的天分，用心地为她做了许多技法上的指导。

几个月的时间过去了，在丈夫的支持下，张翠梅获得了第二名的好成绩。

声音清脆的女人在歌唱方面有着天然的优势，但并不是每个人都有张翠梅这样的天赋和机遇，能够像她这样凭借自身的声音优势得到欣赏进而脱颖而出。

声音清脆的女人更热爱生活。拥有这种声音的女人往往热爱生活，也懂得生活，知道怎样才能把生活过成自己想要的样子。她会把家里打扫得一尘不染，饭菜总会做得口味适中，爱生活就如同爱护她的嗓子一般，将日常生活过出烟火红尘里的幸福。

声音清脆的女人喜欢清雅淡然。有着清脆声音的女人其实喜欢宁静的氛围，即使身处闹市，她也依然能够淡然处之，如同她的声音一般，她有着独立高傲的性格，正所谓落花无言，人淡如菊，清雅淡然是她身上一缕独特的幽香。

声音清脆的女人更适合给孩子绘声绘色地讲故事。在给孩子讲故事的时候，清脆的女声能够让孩子仿佛身临其境，故事情景在眼前历历重现。悦耳的嗓音能使故事被演绎得更加声情并茂，以至于故事结局揭晓，孩子还会意犹未尽，缠着她再讲一个故事。

声音清脆的女人有着天然的工作优势。清脆的嗓音会给人留下深刻的第一印象，而当下次见到你的时候，即使不知道你的名字，你的这种声音特色也已经成为一个标志，令人过耳不忘。当双方见过两次面后，估计许多合作都已经是顺理成章的事情了。

在公司，声音清脆的女人每次发表意见或是汇报相关的项目问题时，都会吸引人们的注意，并且全神贯注地倾听，有些人会给予肯定的评价，有些人会觉得还有可以修改完善之处，虽然众口不一，但是大可以从中取长补短，定会受益匪浅。

声音清脆的女人在很多场合都是镇场子的角色。在混乱喧哗的场合，往往正需要一个清脆的声音来平息一波高过一波的声浪。但如果你的嗓音开始沙哑了，请暂停用嗓，如果长期处于这种状态，就需要看医生了。过度使用嗓子是对嗓音的摧残，这种伤害有时是不可逆的，所以，女性朋友尤其需要注意保护自己独特的嗓音。

修炼

让自己的嗓音变清脆是一个系统的过程，需要一些专业的培训，可以试试咽声培训法。

平时，可以清一清嗓子。

名言

无论什么声音，总是有人爱听的，正如最难吃的点心对有些人来说也是可口的一样。

——本·琼森

你可以像风一样悠远神秘

以前，可能沙哑的嗓音并不被人待见，所以有些女人会为此感到自卑。因为沙哑的嗓音确实有点儿非主流，一般人很少拥有，但在现代，越来越多的人都觉得沙哑的嗓音是一种优势，这种趋势从如今的乐坛一看便知。

在如今的乐坛中，出现了各种形式的音乐选秀节目，评委老师对沙哑嗓音往往有独特的偏爱。因为这样的声音非常独特，总是令人们记忆犹新。

沙哑女声给人一种憨厚实在的感觉。沙哑女声待人真心实意且厚道，多做事少说话是她的风格。往往是事成之后别人享受功劳，而她依旧默默无闻埋头做事，从不多言多语，可谓脚踏实地的行动家。

声音沙哑的女人也有耿直的时候。她做事情会比较耿直，不喜欢打小报告，说话的时候往往一针见血，直指内心。原则上不喜欢

阿谀奉承，虽然平时不愿多事，但是如果被逼到忍无可忍，还是会直接揭露事实，让真相大白天下。

声音沙哑的女人富有进取心。她们知道自己的目标，不会跟志不同道不合的人一起玩乐，而是和一群优秀的人互相学习，追随成功者的脚步，不会掉队，反过来也得到成功者的欣赏。

沙哑女声以磁性动人。这种声音令人迷醉的同时还透出成熟的味道，无论在其中添加什么感情，都能够让人感到更有魅力，毫不矫揉造作，流露出真实的自我。

沙哑女声令人沉醉，代表了一种魅力。要想拥有沙哑女声，也可以用心修炼，但是还要因人而异，不要将自己本来的嗓音变坏了。

修炼

如果声音突然沙哑，可能是身体出现了一些问题，需要关注。一般人都能够用沙哑的嗓音说话唱歌，模仿起来不算难，只需要下巴收缩，把气息沉在喉咙处，就会发出类似这样的嗓音。

讲述生活则声音没有不和谐的。

——柯尔律治

面对不同的人，表现不同的声音

我们在生活和工作中，要与形形色色的人进行交流，当然需要用不同的声音来说话；碰到不同的事情的时候，也自然而然要用不同的音调改变来表达。在社会中，我们需要让自己适应不同的环境，这时声音的改变就尤为重要。

人是随环境的变化而变化的，对待不同的事情声音也不可能一成不变，始终一条直线，而是需要有一些跌宕起伏的。

跟普通同事打交道，需要真诚自然。在与普通同事沟通的时候，你需要自然地问候，发自内心地微笑，用平和的声音来表达关怀和善意。

跟领导沟通，则要因人而异。因为你要向领导表述工作内容，如果领导是一个严肃的人，那么你需要态度严肃，声音洪亮，表达平铺直叙，着重指出重点；如果领导是一个开朗大气的人，那么你需要语气轻松活泼，语言表述清晰，音调中加入快乐的情绪；如果领导是一个喜欢诗歌的人，那么你需要激昂顿挫，抑扬有致，讲起话来加入充沛的感情带动语气。

跟下属沟通要掌握语言艺术。领导在不同场合地点，音腔、音调完全不同，这也是有讲究的。

如果在办公室跟下属沟通，要给下属留有余地，但是必须要让他知道自己的错误，这个沟通的艺术很重要，你此时的音调应高低起伏。

在工厂，则一般需要短平快，简单明了地让下属知道哪一道工序犯了错，让他马上纠正，不需要过于婉转地沟通交流。直接用女高音来解决，可以纠正错误，但不要破口大骂。

在销售部门，跟下属沟通，有时候要简单直接，有时候要委婉巧妙，这需要看下属的情况，有些人吃软不吃硬，有些人吃硬不吃软。

在文化部门，则需要把沟通艺术发挥到极致，对新人、老人有不同的沟通方式，聚拢人心，队伍才好带。沟通的时候，说话的声调适当低一些，低沉的声音表现出淡定的力量，快速的话语表示内心的急切以及力量的强大，沉稳的声音给人安全感，这几个方面结合起来有助于加大沟通力度。

跟另一半相处则更需要注意声音在沟通中的作用。在平时沟通的时候，肯定不能像和同事沟通那样，而是需要我们充分融入感情。心情好的时候，可以用微微撒娇的语气，音调轻柔，音色甜蜜；心情一般的时候，可以声音细腻，语言简单，也可以用本色方言来表现亲密，让本来平淡的话语充满幽默感；心情恶劣的时候，不免唇枪舌剑，有些女人可能会破口大骂、脏话连篇，但是我们千万不要这样恶语相向，而要就事论事，把事情讲明白。

跟孩子沟通要注意多鼓励，多肯定。当孩子做错事的时候，由于他们的自尊心还很脆弱，所以最好不要大声地呵斥他们，也别用一些贬义的口头禅来说孩子，如“烦人精”，这样其实特别伤害孩子幼小的心灵。我们对孩子的教育，可以动之以情晓之以理，同时在每次说教前，可以先用加重的语气喊孩子的名字，这样孩子每次犯错后，听到这样的声音都会知道自己做错了。

如果孩子某些事情做成功了，那么我们也不能吝惜表扬，因为孩子一般都喜欢听到表扬的话，如果没有获得表扬，可能他下次做同样的事情积极性就不高。我们要给他一个赞许的笑容，送去发自内心的称赞如“你真棒”。

面对不同事情的时候，我们也需要把握自己的声音，比如在谈判的时候，有的时候可能需要非常正式的语气、语调、语言来配合现场的严肃气氛，有时需要用诙谐幽默的语气、语调、语言来调控现场的气氛，还有的时候需要笑容满面，就连语调都是笑意盈盈的。

修炼

不少女人说话不看对方，有时候看人变了脸色才知道自己说话有欠妥的地方。但是回想一下，其实自己的语言也很得体，最后问了朋友才知道，问题出在自己的语音、语调上。

第一，培养自己娇柔的声音。这种声音适合用来跟自己的另一半说话，或者跟自己的闺蜜说话。当然可以每天在家对着老公练习以及运用。

第二，锻炼自己抑扬顿挫的语言风格。需要长期在家阅读诗歌以及散文。

第三，培养自己柔和的说话风格。音调降低，音色柔和，可以在家多与孩子、父母沟通而习得。

第四，培养自己低沉的说话方式。可以深呼一口气，然后不急不缓地说起一件事情，这样的说话方式需要多加锻炼。

名言

记住，只要你不断地说下去，事情也许就会有变化。发出声音永远是有用的，因为它们可能会被听到并引发改变。

——毕淑敏

第三章

你当温柔，却有力量

温柔给人的记忆是最深刻的，人们回忆的时候，总会回忆到母亲、初恋、妻子最温柔的一面，正如歌曲所唱的那样：

到如今年复一年，
我不能停止怀念，
怀念你，怀念从前。
但愿那海风再起，
只为那浪花的手，
恰似你的温柔。

女人最好的品质——善解人意

如今，一部分女人越来越泼辣，似乎这样才能彰显出女人的资本。随着一些女强人的崛起，似乎“体贴”与女人已经渐行渐远，反而成了男人的专有名词。比如，男人只有体贴入微才能追到女孩子，女孩子被捧得高高的。

今天的社会中，未婚男人往往喜欢性格大方、身材娇柔的女人，却忽略了善解人意的类型。许多女孩子从小生长在家长的呵护下，长大后被男朋友倍加宠爱，结婚后依然带着娇生惯养的习气，于是这部分女人便成了高高在上的“女王”。

一个人的爱倘若可以不受到外界的干扰，那么男人对女人的爱与体贴或许可以成为永恒。然而在这个信息化的时代里，男人不得不与外界各种人和事物打交道，价值观难免会发生变化。而女人如果还保持一成不变地安睡，毫无危机感，那么大梦沉酣，终有一天会在现实中惊醒。

体贴作为女人的资本，有的女人已经将其抛到九霄云外，而有的女人则小心拾起这一传统，并将其发扬光大。当社会上男人体贴女人已经成为主流的时候，她们聪明地注意到了男人的体贴也需要得到相同的回应，从而为自己增添了一分亲和力。

在职场中她们善于体贴同事。每个时期都会有不同的同事关系，而因为利益存在，多数人之间难以形成良性的竞争关系，甚至可能反目成仇。当极端利己主义四处横行的时候，心累之人比比皆是。受这样的价值观浸染，你会无法教育孩子，无法与亲友和睦相处，所以从自身做起才是最重要的。

同事出现失误的时候，众人会一直指责他，而我们应该私下安慰他，帮助他重新振作。人非圣贤，孰能无过？有了过错就改正，就是莫大的德行了。

小张性情浮躁，工作中有时不认真谨慎，但是他也有很多优点，比如头脑灵活，做事情的时候直指要害。他习惯于发号施令，这一点让公司的同事心中不快，毕竟他只是毕业刚刚一年的大学生而已。

一次公司在福建眼看要完成的项目，因为小张的几次疏忽导致失败，功亏一篑。同事们都指责小张不会办事，拖累集体，还有人直接建议公司开除他。但公司的老总因为爱才，并未开除小张。就在大家都不搭理小张的时候，马小玲走到他的身边，温和地说："小张，这次的项目失败跟你关系不大，不要放在心上。如果是做事的方法有点问题，一定要记得改正。"

本来处在苦闷之中的小张，听了马小玲的话，犹如看到了人生中雨过天晴后的彩虹。小张十分感动，说她是自己人生中的指南针，指引自己走向光明。马小玲微笑着说："只要你好好工作、生活，就是最好的感谢。"这件事小张至今记忆犹新，他说那一刻，从马小玲的身上他看到了圣洁的光辉。

赠人玫瑰，手有余香。在公司，闲暇的时候，可以带点零食给大家；如果同事有事，不妨帮忙带班；倘若工作没做完，应该主动要求加班；如果发现了同事负责完成的任务有缺憾之处，不妨主动帮忙弥补；别人不经意说错了话，最好私下温和地提醒。

对待家人，体贴就是善解人意，既然在职场中很多时候你已经表现出了强势，那么回到家时不妨用体贴来化解你和家人僵硬的关系。如果平日里你就是一个很温柔的人，那么可以多一些善解人意和体贴。

现在的人们大多注重物质需求，如果丈夫收入不高，此时女人就会心有不悦，因为男人既是一家之主，也是赚钱的主力。很多女人会因此和丈夫大吵大闹，吵到最后无非是一场徒劳，一些人可能会离婚而去，追求更加富裕的物质生活。追求物质享受本身无可非议，但关键是要符合自己的现状和能力，不能为了满足自己达不到的生活水平而吵闹不休。

比较理智的女人，会和丈夫一起分析今后的发展路线，确定未来的生活水平、工作方向，理解他目前的工作困境，帮助他调整好工作和生活的状态。

当丈夫知道妻子如此理解和信任自己后，他就会重整旗鼓，摆脱自卑，走出颓唐与懈怠，重新鼓起奋斗的勇气。而妻子在生活上也会表现出充分的体贴，从扮演好一个“贤内助”的角色，让丈夫感受到温情的关心与牵挂。

对待公婆，女人需要通情达理。公婆年纪大了，往往形成了个人习惯，吃穿住行与年轻人格格不入，而且往往会偏向儿子，稍有不慎，婆媳关系就会很难调节。婆媳吵架原因多种多样，但基本是由于习惯和教育的差异导致观念不同，比如婆婆看不惯儿子对儿媳太好，觉得太惯着媳妇，委屈了儿子，而妻子觉得婆婆向着她儿子，对自己一点儿都不好，等等。

一般的妻子往往会顺着自己的脾气和婆婆争个是非高下，觉得婆婆管得过于宽泛，不该干涉他们自己的夫妻生活，不愿接纳婆婆住在家中。丈夫出于孝顺希望能够同时安慰好母亲和妻子，却依旧无法平息婆媳之间的争端，结果夹在中间左右为难。如果是聪明的妻子，则会尽量体谅丈夫的难处，在公婆面前退一步也毫发无损，不争一时之气，避免双方都陷入尴尬的境地。

除了上述这些，体贴其实体现在生活的方方面面，或许你只是不经意地忽略了一些细节而已。

比如，孩子打来电话，可你正急匆匆地要去办事，于是吼了孩子，让他自己玩，别烦你。实际上孩子只是想跟妈妈说两句话，偏偏被一顿呵斥伤害了幼小的心灵。这个时候你应该温柔地问孩子怎么了，为什么找妈妈。

丈夫电话打来："亲爱的，我饭菜都做好了，你快点回来呀。"妻子平淡地回答："知道啦。"这样丈夫的一番热情就会瞬间熄灭。妻子如果体贴，肯定会说："要不要我在外面带一个菜回去，或者捎个甜点？好老公，辛苦你这位大厨了啊。"

体贴和善解人意是女人自身不可荒废的优势，我们要将它们充分运用到日常生活中，为自己的生活铺开一片怡人的芳草地。

修炼

体贴他人，其实就是善于换位思考，同时给对方温暖。首先让自己有一个好脾气，然后才能更好地体贴他人。而好脾气如何修炼呢？你可以在很吵闹的地方锻炼自己的好脾气，也可以在很安静的环境里面沉淀自己的好脾气。

比如，丈夫很晚才下班回家，看到他疲惫不堪，你打来一盆温水，将毛巾在温水中浸湿后拧干，然后温柔地看着丈夫说："来，我给你擦擦吧。"丈夫的心中在那一刻会漾起无边的暖意，整个人都会融化在你细心体贴的柔情之中。

名言

要想自己成为幸福的人，就应当对别人关怀备至，体贴入微，赤诚相见。

——苏霍姆林斯基

与其逞强斗狠，不如做温暖的阳光

现在的女人日益独立自主，她们把握自己的人生脉络，追求自己的生活品质，实现自己的人生梦想与追求。这样的女人犹如那首歌所唱，“你是电，你是光，你是唯一的神话”，无论在哪里都会成为众人仰望的中心。

现代社会给女人提出了更高的要求，让女人不得不强势。然而一味地猛冲猛打并不一定能够成功，相反可能会招至满身伤痕，所以女人仍然需要柔和，所谓“刚到极致就是柔，以柔方能克刚”。

现在柔和似乎成了男人的代名词，暖男一时成为人们心中最佳的择偶标准。我们并不是说这不好，而是女人丢失了自己的优势是一件很遗憾的事情，女人柔和比男人柔和更具有本身的优势，男人的柔和应该偏向儒雅一面，而女人独特的柔和应该偏向温柔、体贴一面。

柔和，犹如春风拂面。柔和的女人一般心地善良，每时每刻都温柔似水。良言一句三冬暖，其实也从另一个角度表现了柔和的一面，有话就心平气和地讲，温和的话语，可以让人们感受到冬天的暖意。

两辆车在路上不小心“亲密接触”了，于芳正有急事，一时火起，不分青红皂白，在没有弄清是谁的责任的情况下，下车就冲对方大吵大嚷。另一辆车的车主郭小玲哭笑不得：这完全不讲道理，本来是你的责任，反倒赖我。如果是一般人，肯定冲上去跟于芳对骂起来了，然而郭小玲微笑着柔和地说：“对不起，耽误你的时间了，不过，请回想一下原因，看一下标志线，再说情况。”

于芳看着眼前的郭小玲，这个女人似乎一点儿都不着急，话语柔和，气定神闲，竟莫名地对她平添一股羡慕与嫉妒之意。当她回过神的时候，发现是自己的错，忙不迭地道歉，觉得耽误了对方的时间。郭小玲依旧柔和地笑着，劝于芳别着急。于芳感慨万千，觉得像郭小玲这样的才是真正的女人。

柔和胜过暴风雨。“柔”字的上半部是“矛”，下半部是“木”，表示用木头削成的矛，看起来就是比较有力度和攻击性的武器。从一些词语可以看出来，比如柔韧、百炼钢成绕指柔，这表明“柔”已经上升到武学的至高境界。

在工作中，管理人员往往习惯于简单粗暴，觉得这样跟人说话直截了当，对方能够听懂，也便于工作的开展。而下属一旦提出异议，他就会粗暴地打断，不给其表达的空间，似乎这样才是效率最高的管理办法。殊不知让下属把话说明白，以柔和的方式来处理，反而可以让他自己说的话更有力度。遇到问题或者矛盾的时候，最忌针尖对麦芒，更不能非黑即白，否则只会影响工作的开展，得不偿失。

同事们正在热烈地讨论一个项目，很快便形成了两个不同立场的方案，这两个方案的提案人都是公司优秀的中层员工，两个人为选择哪一个方案而争执起来，加上旁人的推波助澜，形势愈演愈烈。这时，刘娟有节奏地轻轻敲了敲桌子，争吵的人突然听到了敲桌子的声音，先是皱了皱眉，看到是老总在敲桌子，也就安静下来。不一会儿，大家都安静下来，静静地看着。

刘娟依然保持她一贯的柔和态度：“这场面真是热烈，大家都认真地在讨论，现在只有我不在其中。这个项目确实不错，依我看，大家也不用争了，不妨把这两个方案都交给客户看，客户选择了哪个方案，咱们最后就用哪个方案，怎么样？”大家一致鼓掌赞同。

刘娟并没有根据自己的喜好来决定采用哪个方案，而是用柔和的力量，把选择的决定权交给了客户，同时也为双方的良性竞争鼓掌。

做女人，柔和是一种优势。有人会问：柔和容易被人欺负怎么办？其实这是你对自身价值的不认同，对女人资本的不认可。如果你希望自己成为强势的女人，那么刚柔并济才是正道，刚则易折，柔才能保全自身。你可以在关键时刻拿出你强势的姿态，而不是一直伪装强大，实际内心却战战兢兢。

上天赋予女人娇柔的身体，如果你不去运用自己柔和的性格，却选择男人的刚强，那么反而是舍本逐末，未见得会一帆风顺。在这条路上，你注定要遇到许多艰难坎坷，即便你心意已决，接踵而来的挫折磨难依然会考验你的定力，这需要坚韧不拔的气概，还需要大勇气和大智慧。

很多女人不仅在公司强势，回到家中也是如此，家人虽然能体谅她的感受，可是时间长了，感情也会变淡，刚强的女人可能表面不屑一顾，但她内心的苦楚绝非一般人能够理解。

在家里，柔和是一种化解矛盾的良药。婆媳之战，夫妻之战，大家都是火药味十足，丝毫没有要结束的意思，只有争强好胜之心，一心想着如何占得上风，以此作为主要目的。到最后往往已经离题万里，本来因事而起的争吵，最后却变成了人身攻击。

揭开坚强的伪装，把自己柔和的魅力发散开去，这样才能让自己得到身心的和谐，以轻松的心态面对每天的压力。

修炼

柔和就是适当地收敛。面对他人的攻击，我们可以柔和以对，比如廉颇和蔺相如的故事，没有蔺相如的智慧与柔和，最终两人很可能会结下仇恨。同样，面对忠言逆耳，我们也要学习唐太宗李世民的接纳和忍让，有海纳百川的胸怀和气量。

做人要大度、大气，这样才能修炼出柔和的魅力，在潜移默化之中达到柔和的效果。

从小事做起，每天坚持。遇到他人的攻击，首先要克制自己针锋相对还击的冲动，柔和对人，让对方找不到攻击的理由；面对他人的小气，柔和对待，这样你才能更加大气。除非原则和底线遭到践踏，否则平日里还有什么我们不能柔和以对的呢？

名言

善将者，其刚不可折，其柔不可卷，故以弱制强，以柔制刚。

——诸葛亮

含蓄矜持的女人最美丽

做人做事过于直接可能会事半功倍，也有可能会事倍功半，这与具体的场合有关。有些女孩子可能会过于直接外露，所以母亲就教她注意含蓄一点儿，这也是女孩成长为女人路程上的重要一环。母亲会告诉她，女孩就应该对自己多一点儿爱护和尊重，要学会矜持，这样才能慢慢体会到人生百味，避免任性而为，甚至随波逐流失去自我。

矜持的女孩，就要一辈子把自己当成公主。即便年华不再，我们也应该永远保持自己的那份高贵优雅，虽然公主往往出现在童话中，但现实世界中每个女孩都是自己的公主，理应展现自己矜持的一面。尤其单身的女孩子，一定要注意矜持。

有人说，现在有些男人特别矜持，你不主动接近，他根本不会理你的。那么也只能说，这样的男人和你并没有缘分，如果你执拗地去接近，主动去迎合，可能会成功，但是这样的基础只会给你们日后的生活埋下诸多隐患。所以，无论男人是什么态度，女人矜持一点儿并非坏事。

还有人喜欢把各种价值观放在一起比较，得出的结论是女人矜持不如主动来得好，如果不主动，很多事情都办不成。现在的社会争分夺秒，在这样的快节奏之下，如果你事情不能完成，就只能被淘汰出局。其实做事和做人不必混为一谈，面对工作，你可以主动出击，高效完成。而为人矜持则是另一码事，和做事主动并不冲突，如果把两个概念弄混淆，那么你就是在为难自己了。

女孩子要学会矜持。在恋爱之中，即便你深爱对方，也不意味着对方的要求你要无条件服从。无论是在恋爱还是在其他情况下，女孩都要与异性保持一种适当的距离，以免陷入一些微妙却又尴尬的处境。

不要随意地说随便。矜持并不意味着没有主见，面对任何事情你都需要有自己的定义以及衡量标准，如果对自己的想法不加考虑，就将决定权放弃而交付他人之手，看似是自己随和，实际上是对他人的不尊重，因为这会让人觉得你态度不认真。在漫不经心的表态下，矜持也就不成立了。

一个成熟的女人必须具备含蓄中的矜持，说到含蓄，巩俐在一次采访中专门讲了东方女人的含蓄："东方女性的特色，其实就是在含蓄里面有很多的激情，我们可能不是那么外露的。我前半年去一所学校，问一些外国学生对中国人或是中国女性的看法，他们就说，其实觉得中国人就是需要一点儿时间去熟悉，一开始的时候可能疏远一点儿，不像美国人一见面就像认识很久一样。中国的男性女性都是一样的，起初会有一种疏离的感觉，我觉得这是我们文化的缘故。但是当你跟他熟悉之后，确实可以成为特别好的朋友，这也代表了我们中国的一个特色吧。"

修炼

告别任性，丢掉自己的一些毛病，用实际行动去改变，让自己学会面对现状，提升自我。

不做口无遮拦的女人，如果稍有不快的事情发生，就马上变脸，即使关系再近、感情再好的两个人，最后也会因为这样的性格关系而分道扬镳。这个时候，含蓄很重要。

在升职时，矜持也很重要。如果不矜持，即便你升职了，降职的概率也是很高的。

矜持是一种主见，不是回避、躲闪，而是委婉地拒绝他人的要求，这样可以让自己活得自由自在，拥有一片海阔天空。要忠实地倾听自己内心的声音，而不做随波逐流的女人。

名言

花有不少吸引人的地方，含蓄的美就是其中之一。

——梭罗

无论承受多大委屈，仍旧耐心细心

在社会上，感觉敏锐细腻的女人，稍有不顺心就会感到委屈，一般面对外人又难以发泄，所以心里的委屈总是会带回家。这个时候，女人一定要注意耐心、细心地对待家人。委屈可以找老公和密友私下倾诉，而不要拿家人作为出气筒。

女人受委屈并不能成为发脾气的借口，需要他人安慰的时候，也要注意方式，而不是把心里的痛苦一股脑地转嫁出去，虽然自己得到一时之快，但是带给家人许多负面情绪，这显然不是一个明智的女人应有的举动。

无论受了多大的委屈，都不要把委屈发泄到家人的身上，因为这样只会将痛苦传染给身边的人，不利于家庭氛围的和谐。正确的做法是先反省自身，找出问题的根源和结点，再思考怎样解决问题，以及自己从中应该吸取哪些教训，等等。

修炼

委屈是一种心理负担，放下委屈不算难，也不算容易。如果极度委屈，一般人是难以放下的，所以我们要修炼承受委屈的能力，在没有触犯你底线的情况下，即便受了委屈，能够忍辱负重，这也是人生的一种修行。当然，如果已经触犯到人生的底线，那么忍让肯定就不是上策了。

委屈是会传递的。别让别人委屈，他人也不会传播委屈；不让自己受委屈，也不让你在乎的人受委屈。

解决方法：第一，锻炼自己的忍耐力，让自己在忍耐中成长；第二，通过释放把委屈放走，比如劳动、唱歌；第三，进行心理调节，可以选择性忘记，也可以用阿Q精神胜利法，还可以通过比较权衡来放下委屈。

忍耐之草是苦的，但最终会结出甘甜而柔软的果实。

——辛姆洛克

第四章

女态分九品，女人要入品

除了身体、性格以外，女人最重要的是气质。一个人的气质是由环境决定的，其中环境又分为外在环境和内在环境。在外在环境方面，有品位的生活能养成气质女人。

气质女人需要内在环境来养成，短期内或许可以伪装，但是长期“保养”才能丰富自己的内涵，这样由内而外才能达到气质的最高境界，才能让你的优雅高贵无懈可击。

优雅是女人最美的外衣

优雅是一种内在的涵养，正是这样的内在涵养把女人塑造得更加充满魅力。如果一个年轻的女人被公认为优雅女性，那么她必定是拥有涵养的女人。如今，有很多专门培训优雅女人的课程，可是女人的优雅更加侧重于言传身教，它需要时间、生活和文化的累积，才能蕴蓄出知性与优美。

我们每个人都喜欢与优雅为邻，优雅就是所有女人心中的王冠，可见优雅有着多么强烈的魅力。

曾经有这样一个广告，精致的别墅外面停着一辆奢华的跑车，跑车旁边有一位手持雨伞、衣着华丽的漂亮女人，牵着名贵的小狗，在别墅旁边的巨大花坛前面悠闲地散步，她微笑的脸庞在阳光之下显得容光焕发。然而这样悠闲的环境，除了展示一种奢华的生活以外，并未体现女人优雅的内涵。优雅并非奢华所能支撑，金钱的堆砌只能让人们在物质的海洋中游荡，里面并没有足以孕育优雅的因子。

人们经常会问：时髦就是优雅吗？回答是：时髦是摆脱了粗俗之后的优雅，但是它很快就会被新的时髦所替代，所以只是一种相对优雅，它在时间的流逝中终究要回归本来的面目，而不能始终潇洒地保持优雅的内涵。

在时尚之都巴黎，时髦让整个城市变得五光十色，仿佛这里的女人已经成为优雅的代名词，有不少时尚人士喜欢研究巴黎的时髦，巴黎风格也随着他们快速传到了全球各地。然而在时间面前，没有任何时髦能够成为永恒的时尚。随着社会发展的日新月异，时髦更新换代的频率以惊人的速度在飞升。今日还在风靡大街小巷的潮流，很快又会成为明日黄花。

优雅跟年龄也有关。在培根看来，老年人才具有优雅的风范，有一些老人把优雅表现得淋漓尽致，而很多年轻人虽然具有青春靓丽的外表，但是缺乏内在的修养，依然得不到赞美。年龄是优雅的载体，为什么年纪越大，看起来越有味道？因为年龄留不住时间，却能留住内涵，年龄留不住愚蠢的事情，但能沉淀人们快乐的回忆，留住优雅的风味，这些是经历时光打磨却能历久弥新的东西。

优雅的女人有着从容的姿态、丰富的人生阅历，即使时间在其脸上刻下岁月沧桑，这样的优雅也依然有着经年沉淀的质感。这样的女人哪怕只是站在会场的角落，也能成为人们目光的焦点，她们身上那种沉静的气息，并不浓烈，却举重若轻，是优雅女人最绚丽的素朴。

优雅女人懂生活、有情趣。她拥有女人的优秀品德，古典和新潮的文化，她得而兼具。她悦纳世间一切美好的事物，融汇古今文化，令人们都愿意去亲近她。她睿智过人，人们总喜欢向她咨询相关问题，不论小女孩还是成熟的女人。甚至也包括男人，因为女人在他们的面前永远是一个谜，让人猜不透，而博学聪慧的优雅女人正是答疑解惑的最佳选择。

优雅女人是自己的参天大树，她并不是小鸟依人的类型，而是雪山之上的莲花。她有自己独立的人生观和价值观，从不依附任何人。她也有自己喜欢的工作作为生存的基础，而优雅是一种独特的魅力，与她如影随形，个中原因在于拥有自我才是优雅最基本的要求。

每个人都有优雅的一面，只是多或少的区别。优雅是女人最深处的魅力，优雅是骨子里的味道。美丽的女人不见得优雅，而优雅的女人一定美丽。很多女人拥有华丽的外表，可是在大环境的熏陶下，缺乏优雅的气质。很多时候是人前伪装得光鲜亮丽，可是稍有不顺心意的情况出现，就立刻变脸，甚至破口大骂，面目狰狞，令人只想敬而远之。所以，爱迪生说：“优雅比美丽更富有魅力。”

优雅是由内往外散发的迷人芳香，让女人举手投足之间展现出曼妙之姿，自成一种独特的风格。这种风格不存在年龄上的差异，却会赢得所有人的喜爱与赞赏。当优雅成为女人本质的时候，漫天飞舞的必是美丽的天使，那是爱在升华，自然在欢呼。

优雅是一种内在美，如果再加上外在美，那么便可谓双剑合璧了。优雅的仪态和内涵属于内在美，是一种感性和理性的结合。

感性的是善良，一个女人的善良可以赋予她最原始的美丽，心灵的美丽是女人无须外求的化妆品。善良的女人最容易成为优雅的女人，加上适当的修养和礼仪，优雅的升华指日可待。

理性的是读书，读书可以明智，可以让女人拥有清雅的书卷气。书中的知识和道理可以让女人得到内心的充实，让女人的全身都洋溢着安定与祥和。读书带给女人的是智慧，使其知书达礼，达到书卷味的优雅也更加容易。

修炼

第一，外表干净、整洁。不仅有健康的肌肤，还有干净的衣服，衣服符合身份和家境即可，身上的任何物品都要干净整洁。

第二，待人彬彬有礼，对生活乐观，不怕岁月的流逝。

第三，习惯一些有品位的生活方式，比如学习知识，知识是最大的品位。

第四，时常听音乐，让柔情似水的经典轻音乐带给你美的享受。

第五，不要用劣质香水，要选用优质的香水，化妆品也一样。

第六，保持微笑，那是属于蒙娜丽莎的味道，含蓄中充满了矜持，柔和中带有亲和力。时常练习，尽量保持最得体、自然、亲切的微笑。

第七，注意平时的站姿，抬头，颈笔直，双目向前方平视，下颚微收，嘴唇微闭，面带笑容，动作自然，身体有向上的感觉。

第八，注意平时的坐姿，面带微笑，上半身自然挺直，立腰、挺胸，双臂自然弯曲放在双膝上，也可以放在周围的椅子和沙发扶手上，掌心向下，双膝自然并拢，双腿可以正放或者侧放，并拢或者交叉都行。

第九，走路的时候，面带微笑，双目平视，以腰带脚，重心移动，膝盖伸直，自然抬脚，双膝膝盖互相碰触。

第十，讲话声音平缓，控制一定的语速，吐字要清晰。

第十一，聚餐不挑剔，有节制地用餐。

第十二，有爱心，对人真心实意。

名言

形体之美要胜于颜色之美，而优雅行为之美又胜于形体之美，最多的美是画家无法表现的，因为它是难于直观的。

——培根

在不慌不忙中，从容淡定地前行

“有缘无分”往往成为分手时的绝佳说辞，带有几分无奈的叹惋，于是一段感情就可以从此画上句点。缘分是一种看不见、摸不着、说不清、道不明的东西，即使我们恋恋不舍，可是强扭的瓜不甜，该放手时也要放手。

缘分走了，寂寞来了，女人即便在爱情和婚姻中，也摆脱不了寂寞的侵蚀。在夜深人静之时，孤独、寂寞、清冷往往会被无端地放大，让自己的心灵跌入深渊无力挣扎，只得听任自己在寂寞中沉沦，于是寻求各种方式来打发寂寞的时光。

在寂寞的时候，我们需要恬淡的心境，也可以说是淡定。淡定是一种生活态度，因为人生不如意的事情十有八九，面对生活中的诸般不顺遂，要去寻找属于自己的答案和未来。

即使再火红的玫瑰，也不如一杯清茶，因为玫瑰很快就会凋谢，而人生难保永久激情，终究会被日复一日的平淡生活所替代，只有细水长流的永恒，没有永不凋谢的玫瑰花。当玫瑰凋零的时候，便是真理昭示的时候：对人生来说，平平淡淡才是真。

心态决定命运，面对挫折，我们不妨怀有一种感激，因为恰恰是挫折让你了解到自己的弱点并给予你人生的历练。你疗愈自己创伤的过程，便是让自己趋于强大的过程。当你日臻完善的时候，伤痛很难将你挫败。带着平静满足的笑容，你已经可以看淡风云。故而困境未必便是绝境，痛苦之中也会蕴藏快乐的新生，它会适时地萌发并且茁壮成长。苦难也是人生的一笔财富，只有在磨难之中坚韧不拔，才会于风雨之后见彩虹。

虽说命运无常，每每令人觉得不可捉摸，但是我们依然要做好自己，才会有希望得到命运的垂青。毕竟在现实中，我们唯一能真实掌握的便是自己。面对命运，往往我们能做的是给自己坚定的勇气与信念，做好自己之后，面对诸多问题会欣喜地发现，原来自己已经能够游刃有余。

淡定的女人不会被情绪左右，她明白患得患失只会错过近在咫尺的幸福，所以面对着人生的跌宕起伏，她依旧只是淡淡地微笑，内心早已是波澜不惊。能够随遇而安的境界，是女人一生的修行，而生出攀比之心的时候，烦恼也会随之而来。不如用平常心看待生活，淡看世间花开花落、人生荣辱得失，淡泊明志，宁静致远。

有一位客人在水果摊前讨价还价：“这水果好多都烂了，为什么要2.5元一斤呢？2元一斤吧，要不我就不买了。”女店家微微一笑：“那我对刚才的顾客怎么交代呢？”“问题是你水果成色确实差啊。”“不过，要是完美无缺的水果，那就要5元一斤了。”女店家的脸上依然是亲切的微笑，没有一丝恼怒的神色。最终客人还是以2.5元一斤的价格买下了水果。有旁人不解地问：“面对这样挑剔的顾客，你为什么能始终面带微笑呢？”女店家笑着说：“只有真正想买货的人才会指出货物的缺点啊。”

在人生漫长的旅途中，淡定女人的坚忍不拔可以化尽风风雨雨，把过去当一面镜子，可以反思自己的从前，更加从容地面对现在的事情，在当下的白纸上，书写属于自己的现在和未来。

修炼

第一，认清自己。只有认清自己的一切，比如当下和未来的境遇、情感和事业的走向，等等，才能更好地冷静下来。

第二，接受不完美。接受任何既成的事实，即便会有缺憾让生活不完美，但面对现实，我们首先要以谦逊的态度来接受，如此才是一个心智成熟的人应有的态度。

第三，不为事情所烦恼。已经发生或者即将发生的事情，并不值得我们烦恼，因为即使你烦恼，过往的事情木已成舟，未来的事情尚存在变数，所以我们何必给自己徒增烦恼呢？

第四，不要拿别人的错误来惩罚自己。别人的错误自然需要他自己去承担后果，但是我们何必因为别人的错误而影响了自己内心的安静呢？

第五，遇到挫折，不气馁。遇到任何事情，都不要放弃自己，哪怕还有一线希望，依然要为之努力，做最好的自己。

第六，不沉迷于昨天，勇敢脚踏今天，奔赴明天。

第七，爱自己，爱生活，无论多么忙碌，记得抽出时间给自己放个假。

名言

非淡泊无以明志，非宁静无以致远。

——诸葛亮

做个内心高贵的女王

当下流行的一句话“高端大气上档次”，可能是普通人心中对高贵最佳的形容。在有些人的意识中，高贵似乎是土豪的专用词，这是因为人们没有真正领悟高贵的全部含义，只考虑物质的多寡、地位的高低，而完全没有考虑物质与精神的完美统一。

即便物质达到了土豪的级别，高贵的气质也并非人人皆可拥有。即使很多人喜欢高贵，觉得自己就是高贵的女人，但是缺少强大的精神底蕴，这样的高贵也只能是虚有其表，而内心其实是一片空虚落寞。

在人们心中，最高贵的莫过于公主、皇后、女王。她们的高贵体现在身份和地位上，然而这种高贵尚属于表面，真正深层次的高贵是一种来自灵魂深处的精神和气质。

高贵的女生是公主型，高贵的女人是女王型，她们对普通人没有不屑一顾，而是以温柔的姿态俯视人世间，静观人世间万种悲欣。茫茫人海中无须众里寻她千百度，你一眼便会看到她高贵的仪态。

1793年的一天，时年38岁的路易十六的皇后玛丽·安托瓦内特在巴黎人民广场被执行死刑。在走上断头台时，玛丽皇后不小心踩到刽子手的脚，她马上道歉说："先生，我请求您的原谅，我不是有意的。"皇后以习惯性的方式做出道歉，这是来自于她骨子里的高贵。

高贵的女人有凛然不犯的气度，有知错就改的习惯。在一个酒会上，一个衣着华丽的女人走得太急，没有看到前面有人，结果撞到了他人，这个女人只是点点头，就一闪而过，连正眼看人都没有。这样其实是不尊重他人的表现。不尊重他人，其实是对自己的不尊重，真正的高贵是即使着急也会表现出气度和礼节。

高贵不等于漂亮。当漂亮女人出现的时候，男人会涌起强烈的占有欲；而面对高贵女人的时候，男人是不敢起任何邪念的，即便稍有邪念，也会立刻被她身上的神圣光辉一扫而空。高贵女人身上生来就有一种对邪恶的震慑力量，而漂亮女人未必拥有。

宽宏大量的人是高贵的。卢梭说："即使你曾经是我的一个不共戴天的敌人，也请你对我的遗骸不要抱任何敌意，不要把你残酷无情的不公正行为坚持到你我都已不复生存的时代。这样，你至少能够有一次高贵的表现，即当你本来可以凶狠地进行报复时，你却表现得宽宏大量。”面对敌人抑或仇人，如果你能够放下心中的仇恨和报复的欲望，就足以成为一个高贵的人。

修炼

第一，远离肥皂剧。肥皂剧只适合在童话中幻想，不能培养高贵女人的素养。

第二，拒绝低俗趣味。人的精神财富不在于随波逐流，而在于坚持自己的灵魂，坚持自己的爱憎分明，坚持自己的道德底线，即便被人笑话不入时，也绝不低俗，因为我们追求的是人性的高贵。

第三，给自己自尊。在一个鱼龙混杂的环境里，我们依然要保持那份自尊与自爱，留给自己足够的自尊，才能被他人所尊重，这是社交的基础，也是为人的基础。

第四，提升生活品质。生活在于健康，而不在于奢华。我们要知道，高贵并不是华丽的堆砌，而在于健康，在于自己的身体，在于自己的内心。

第五，低调而不浮夸。浮夸暗示着为人的浅薄，纸醉金迷的生活中，目之所及都是浮夸的表象，却缺少真实的厚重作为支撑。低调是最好的高贵，唯有它能显现出一个人质朴的本色与内涵。

唯有心灵能使人高贵。所有那些自命高贵而没有高贵的心灵的人，都像块污泥。

——罗曼·罗兰

淡淡小清新是一道美丽的风景

小清新悄然刮过一阵风，给化妆和服装市场带来脱俗的生机。小清新那淡雅、自然、脱俗的特点让其充满了美好的意境，那种青春与活力，令许多少男少女都怦然心动。

清纯属于小清新的范畴，单纯的美好才可以完美地表达小清新的意境，在这个意境中，清纯给人干净的味道，仿佛时间瞬间定格在这个画面，这样的清纯不见得妩媚，但要求外貌干净单纯，不需要多少女人味，却要求思想的纯洁。所以女学生往往带有清纯的气息。

小清新的女人犹如清晨的阳光，柔和而不刺眼，虽然表现得沉默，但是依然会因为她的清纯而备受关注。尽管她并非十分妩媚的类型，但一颦一笑都透出无限的魅力。

小清新的女人可以治疗抑郁、疲劳、紧张。她如同心理医生，随时随地都能让人感到放松，自然的笑容如同风声吹过草地。小清新的女人就是这样的一幅画，可以让周围的人都平静下来。

张晓春是一个气质很清新的姑娘，她没有大大咧咧的性格，没有突出的外貌优势，但是她的整体形象总是令人过目不忘。

在一些聚会上，总会有人被她的小清新气质吸引，喜欢和她交谈。她周身洋溢着青春的活力，因而总是备受瞩目。忙于各种应酬的时候，每个人只要看到她，就会觉得有一阵清新的风掠过心头，吹散了浑身的疲惫。紧张的人看到她，也会有种一见如故的感觉，从而慢慢放松紧张的情绪。

小清新的女人轻柔的声音总会带给人温暖，让人在浮躁中得到片刻的安静，精神上慢慢得到放松。例如催眠师总是通过轻柔的话语让对方身心放松后实施催眠。声音的音色很重要，声音的节奏更重要，通过控制语速来把握声音的节奏，可以达到与音乐相同的效果。轻音乐的声音为人带来身心的愉悦，如同一个人在身边喃喃细语，却不会惹人心烦意乱。

小清新的气味用到香水上，淡淡的清芬，来去无痕，若有若无，犹如“暗香浮动”。以它飘忽不定的气息牵动人的幽思。

修炼

第一，衣着方面的搭配，上衣为柔软布料，下面一条有品位的裙子，就能够轻松打造清新的形象。夏天适宜穿雪纺面料，色彩选择淡淡的糖果色。裙子会带给你很高的分数，衣服不要暴露、艳丽，可以选择淡雅的、简洁的服饰，比如长款衬衫或者T恤衫，颜色最好以白色、淡黄色、蓝白色为主。

第二，在说话方面，与人说话的时候嘴角可以微微地上扬。不要太大声说话，声音让别人听得见即可，尽量不说脏话，以免破坏小清新的形象。

第三，最好选择淡妆。

第四，遇事要冷静，不要大惊小怪，保持平静的态度和淡淡的微笑。

名言

青春在人的一生中只有一次，而青春时期比任何时期都最强盛美好。因此，千万不要使自己的精神僵化，而要把青春永远保持。

——别林斯基

第二篇

气质美如兰，才华馥比仙

在理智和感性之间，很多女人都难以做到游刃有余，要么被感性灼伤，要么被理性冰冻，无论偏向哪一条，最终都不免受到伤害。所以为了自己不受伤，就要先学会寻求感性与理性的平衡。

这就要求我们修炼在感性的外表下同时拥有理性的内心，让感性和理性交错有序地起作用，才能让自己遇事妥善处理，突出女人独特的魅力，在工作中光芒四射，在生活中神采奕奕。

第五章

安全感从来都是自己给的

女人再有才华，可是如果人生漂泊不定，完全掌控不了自己的命运，随波逐流，只有张开翅膀的权利，却没有选择飞翔的方向，这样的人生没有人会羡慕。如果完全被命运左右，完全被男人左右，这样被人支配的女人即使物质再丰富，也没有自己内心的自由。

要想支配自己，还得经济独立

女人在经济上独立才是真正的独立，才能让自己快乐地享受生活，所以女人要有自己的工作、稳定的收入来源。作为新时代的女性，女人让自己尽快经济独立，这样在浮躁的社会上，才能尽量避免受到负面的影响，在人生道路上走得更加顺畅，即使独自生活也不会让自己的生活陷于杂乱无章。

鲁迅先生说过，妇女只有获得与男人相等的经济权利和社会势力才能得到解放。在《玩偶之家》中，主角娜拉因为不堪忍受“玩偶”的角色，愤然离家出走，给当时的中国知识分子带来了巨大的影响，特别是对年轻女性影响尤其广泛。鲁迅先生看到后，马上写文章，为娜拉出走后的人生做了一个理性而有力的判断，直接指明了现实的残酷，娜拉缺乏独立的经济地位，在她离家出走后，不是堕落，就是回去。自由并非金钱能够购买，但是没有金钱很难有真正的自由，由此可见经济实力在社会中的重要性，而金钱决定了经济地位，只有我们的经济独立了，才能真正支配自己。

经济独立能够给女人带来最美好的东西——自由，这样才能获得最原始的自由，不受到任何人的烦扰。此外经济的独立还能给自己自信、尊严，以及更加坚定的信念。女人不能以嫁一个好男人或者嫁给有钱的男人为人生的最终目标，即使成功了，这也是靠青春、容颜获得的，随着年龄的增长，女人青春不再、容颜已老，此时就容易不自信，生怕对男人失去吸引力。所以，凭借自己的经济独立才能获得一生的自由和依靠。

在女儿谈恋爱的时候，父母往往会教育她，别花男人的钱，别乱给男人花钱，这是父母保护女儿经济独立的第一课。一个女孩子经济独立的时候，才有独立的人格，情感也会独立，思想上也会形成独立的价值观，如果经济不独立，成不了一个自然人，这对女孩子来说是十分堪忧的。

有些女人喜欢占男人的便宜，比如希望男人给她钱花，送她昂贵的礼物，然后与人攀比。

这样的女人理直气壮地花男人的钱，而普通的女人花男人的钱会觉得是一份人情，花自己男人的钱，有一种被宠爱被珍惜的感觉。女人只有通过自己的努力赚钱，真正体会到钱的来之不易，才知道谋生的艰辛，这样才能体谅他人的不容易，不会随意去索取挥霍，也就不会被他人控制于掌中。做好自己，守住自己的本心也很重要。

经济独立并不意味着自己赚钱自己花，而是独立自主的标志，真正地支配自己，在特殊的日子，给家人买一份礼物，是一份亲情的回馈。在经济紧张的时候，也可以证明你足以和他共同承担起家庭的责任，减轻他的压力，由此会增加他对你的珍惜和尊重。经济上获得独立也会让你在家中拥有平等的话语权，而不会受到他的忽视。

女人只有经济独立，才能在与男人交往时支配自己的人生。在恋爱时，有独立的思考，不去靠男人，不为他的金钱所迷惑，了解了他的本质，才能决定今后是否跟他结婚。切忌花了男人的钱，还看不透男人的心。在婚姻中，女人也要有独立的经济能力，这样才能有底气地说话，不让自己活得卑微。你不一定要给家里多少补贴，但是一定要有独立生存的能力，这样才能以不变应万变。

修炼

在人生的旅途中，经济独立就是要有一定的经济能力，至少能够有独自谋生的能力。

第一，要有自己的工作，这份工作一定不能是吃青春饭的，而最好是长期的，具有阶段性的，让自己有持续发展的方向的。

第二，经济独立后，一定要学会管理自己的财物。同时，作为家里的财务主管，你需要学会精打细算，而不是大手大脚，学会花小钱办大事，学会记账，做一个好财务。

第三，成为职场女人中的精品。收入可观，才能经济独立，具有一定的创造能力，创造与之对应的价值和财富。你需要做到公正客观，抵制诱惑，坚持原则，能够和他人愉快交流，和谐共处，具有合作精神，时刻保持活力，让自己具有内在的青春动力，在职场中学会心存感激，遇到困难时坚持，学会接受批评。

独立能力是人生的基础。

——穆尼尔·纳素夫

女人也可以做个好领导

有些女人天生便拥有领导的才能，比如小时候，就能够召集同学听从自己的指挥，组织大家参加义务劳动、表演节目和参加业余的体育比赛。这样的女孩可谓一个组织能手，而且其他人也心悦诚服。但仍有不少女人处于弱势，虽然在工作中与同事相处还比较和睦融洽，可一旦变成了领导，就有很多下属不服气了，毕竟权力对大多数人都有着强烈的吸引力。

似乎不论男女，都喜欢对女领导产生怀疑，怀疑她是否能够带领大家走向胜利。许多男人在男性的管理下觉得理所当然，而受到女性领导的管理就会口服心不服，时不时各种挑剔，甚至直接抗拒。而女下属对女性主管的态度，也很少是心服口服，多数会觉得不服气，认为其不过是凭借运气才得以晋升，而自己只不过是运气不佳所以才没有得到提拔。有些女下属对女领导的嫉妒心更重，几乎是视女领导为仇人一般。

在如此困难重重的情况下，女性领导的前进之路自然多崎岖坎坷，很多时候可谓举步维艰。但有谁会想到，人前光鲜的女领导原来背后是如此艰辛呢？女性上司一般承受着家庭和事业的双重压力，有时候难免会出现不可调和的冲突。成功的女上司能够做到努力调整自己，尽量工作家庭两手抓。女人工作和家庭难以协调的问题也正是很多老板所关注的，所以他们一般会密切关注自己提拔上来的女性领导能否胜任工作，因为女人都会有家庭、孩子的牵绊，需要兼顾工作与生活的关系很难，如果一方失衡，另一方也会受到影响。

担任领导职务的女人，多数是聪明的女人，她们无论在家里还是在公司都能发挥自身的优势，包括女性特有的感情丰富、细腻等特点，从而在职场中能够如鱼得水，左右逢源。在这个已经摆脱体力限制的时代，女性特有的细致、敏感、不拘一格的性格使之日渐成为这个时代的新宠。据相关调查报告称，中国女性业主和法人代表已经超过2000万人，女性企业家在全球企业家中的比例为20%。

与男性领导相比，女性领导的管理如同润滑剂。她会关注个体的差异，最大限度地团结每个员工，使团队高效运行。所以有的公司即使裁员，也不会裁掉起着调节作用的女员工，因为此时她就是核心力量，没有人能够像她这样把所有的力量凝聚到一处，这样的人在职场中可谓宗师级别，能够将人们都汇聚到自己的身边为己所用。

女性领导一般倾向于更加民主的领导风格，让下属都能够参与其中。她善于下放职权，为下属提供一个发挥潜力的空间和机会，让他们充分发挥自己的主观能动性，从而唤起下属对自我价值的追求，并且全身心地投入其中。而控制力强的男下属更愿意遇到这样的女上司，因为这样他可以获得更多的权力，使他放手发挥自己的才干，让自己在工作中不断获得提高。

尽管如此，还是会有很多男性对女性的管理优势并不看好。女性领导的柔性策略被他们认为是优柔寡断，有充足的耐心、温和平易等女性的魅力，都成了“优柔寡断”的代名词。我们通过一个故事来体会女性领导的优点。

这天清晨，私人秘书费格斯刚刚走马上任，就面临着一项偷车的指控，可是以他的个人地位和经济实力，完全没有偷车的必要，这一定是别人在设计陷害他。当天他请假赶到法院，可是当场并没有结果，第二天还要继续开庭，这令费格斯特别苦恼。他的女上司是一个精明强干、不苟言笑的女人，对人对事非常严格，前一天还因为他的请假而不悦。费格斯垂了下头，觉得自己太愚笨了，这样的事情竟然发生在自己的身上，他连对手的影子都没有摸到，完全不知道这个案子会拖到什么时候。

第二天早上，费格斯还在苦于没找到借口请假，女上司打电话过来了，表示她很着急，想知道他今天怎样安排，似乎女上司已经知道了这件事。弗格斯话到嘴边欲言又止，女上司似乎已经猜到他的意思，只是需要确认一下。费格斯告诉女上司，他当天去完法院要直接回家，不能去公司了。

女上司很清楚费格斯目前的处境，她告诉费格斯：从法院出来后，一定要到公司来一趟，即使事情无比糟糕，作为男人也必须拿出足够的勇气去面对自己的处境。女上司要求费格斯到单位见一次面。

费格斯很沮丧，他觉得自己的人生快毁了。上午结束的时候，法庭审理依旧没有任何结果。下午，费格斯假装镇定地回到公司。推开公司的大门，很多同事都停下了手中的工作，把目光聚集过来。同事没有向他问候，多数都避而远之。看到如此情景，费格斯感觉自己在这个公司完全待不下去了，于是他匆匆来到女上司的办公室，准备请辞。

短暂的沉默之后，女上司先开口："我们去散散步。"费格斯跟随女上司来到走廊，女上司没有提起法院的话题，只是让费格斯聊聊他的孩子。提到自己的孩子，费格斯的情绪放松了，他的脸上自然地露出笑容，一向严肃的女上司没有说话，但不时点头微笑。

他跟着女上司走遍了整个办公大楼，所有人都看到了他们愉快交谈的情景。之后，女上司带费格斯进了茶室，这里的门一直敞开着，女上司选了临近门口的座位坐下，并让费格斯坐在她的对面，这样使得经过和进入茶室的人第一眼就看得见他们。让人难以置信的是，一直对时间有着精细计划的女上司居然同费格斯闲聊了一个多小时。第二天，从法院回到公司，当费格斯再次推开办公室大门的时候，同事们对他的态度发生了180度的转变，他们热情洋溢，脸上挂满笑容……

之后的一周，费格斯终于被法院宣判无罪，当他和他的妻子离开法院准备回家的时候，女上司正穿过人群大步向他走来，与他及他的妻子热情拥抱。

这个例子充分说明了女上司善于运用个人魅力、专业技能、沟通技巧以及自身独有的人际交往特长来感染下属，她通过这种感染式的领导方式，激励下属将其自身利益融入实践之中，充分施展能力，使下属的潜力得到最大限度的发挥。

修炼

第一，找到共鸣点。一般男同事面对职场女性时，常常表现得手足无措，因为他所面对的女性，既是同事，又是女人。在这种情况下，女上司需要设法消除他们的这种心理，努力建立一个共同点，以产生共鸣。要想达到这个目的，女上司先要知道这个人的喜好，然后对症下药。

第二，要征求下属们的意见。征求下属的意见也是一种对他人的赞赏，这表示你重视他人的见解和经验。征求意见时要注意，在公司，尽量避免和下属讨论纯私人性的问题，如家庭、丈夫、男朋友的问题等，除非你和下属私交相当不错。

第三，女上司要培养自己的独立性。如果你很优秀，同事会因此倍感压力；如果你表现平平，同事又会轻蔑不屑。因此，女人在职场中，尽管能得到他人口头上的诸多关照，但到关键的时刻，真正可以依靠的只有自己。

第四，女领导千万不要在下属面前流眼泪。女性很容易用哭来获得想要的东西。但在一个工作的环境里，这种女性化的情绪表现却是不能容忍的。虽然这一哭，可能会立刻得到同情，但这只是刹那间的事。从长远的眼光来看，不但有损你的威严，还会对你的事业形象有损害。

第五，女领导要注意不要伤害同事的自尊心。你若想在现代社会里站稳脚跟，就必须懂得在适当的时候维护一下他们的自尊，并夸奖他们一两句。但要记住：这种夸奖要有分寸，否则别人可能会误会你对他有意，导致不必要的尴尬。

名言

我的经营理论是要让每个人都能感觉到自己的贡献，这种贡献看得见，摸得着，还能数得清。

——杰克

成功的女人都爱学习

女人的成功可以从学习中获得。学海无涯，学习是一件终身的事情，任何成功的人都愿意在学习方面付出精力。当你希望人生迈上新一级阶梯的时候，学习就显得尤为重要了。

此时的学习，能够让自己夯实基础，获得新知，为下一步的晋升做好准备。还可以让自己得到更多思考的机会，向老师提出心中的疑惑，寻求更为合理的解答，让知识充实自身，最终成为爱学习的女人。

爱学习的女人有坚韧的性格。爱学习的女人也喜欢普通女人渴望的那种生活，她们未见得有多么聪慧，但拥有坚韧的毅力，不会向痛苦和失败低头，只是踏实做好眼前的事情，即便汗水与泪水交织，也要坚持到达终点，不给自己留下遗憾。

正是这种坚忍不拔的毅力让女人品尝到成功的喜悦，也使她们

的意志更加坚强。她们从中意识到只有通过独立不倚的努力，才能让自己的人生之路走得更远，只有学习才能让自己的精神世界得以升华。

面对失败，学习能力强的女人是淡定的。因为她们可谓身经百战，经过无数失败的淬炼，即便再多一次挫折，也动摇不了她们的信念，更不会使她们忘记初衷。虽然失败也会让她们感到不快，但让她们专注投入精力的，是下一次的成功，那时她们会欣然而喜。

学习能力强的她备受老师的青睐，也深受同学的仰慕。在学习中，她们是群芳之间特立独行的一枝，不会流于肤浅的表面。她们行走于人群之中，心中清晰的目标始终在促使其不懈前行，无人能阻止她们的追求，而宠辱不惊的态度，也使她不会在赞扬声中骄傲自满到忘乎所以。

学习能力强的女人在工作中也是独立的。她们习惯于从最简单的事务出发，再攻克困难工作，将难点分解成一个个小目标，然后再逐个击破，最终整个工作的完成也就顺理成章了。在基层，她可以是最务实的员工，也可以是业务哨兵；在中层，她善于带领团队攻克难关，往往一马当先；在高层，中层唯她马首是瞻，共同收获累累硕果。

学习能力强的女人在感情上不会抱以迁就的态度。作为有自己独特生活习惯的女人，她们每天都会很充实，即便有男人出现，她们也完全不需要依靠男人来获得内心的充实。于她们来说，择偶的要求往往很高，她们会更为注重精神上的沟通与共鸣。她们的世界是留给同类的，而不会随意找一位伴侣来凑合。

爱学习的女人不仅自己独立，还教会孩子独立。现在的孩子一般生活在家长的溺爱之中，一旦得不到满足就会发脾气，而家长则听之任之。这样的溺爱让孩子得到了满足的快乐，却失去了独立的性格。爱学习的女人会教孩子独立，让孩子明白不能依赖他人，只有通过自己的努力才能获取自己想要的东西。

修炼

第一，女人要找到适合自己的学习方向，比如自己的证书系统，让自己在证书认证中起飞。也可以学习一门外语，让自己了解不同国度的思想，让自己的心灵在多元中更加充实。

第二，女人要合理利用工具。学习工具有很多种，我们不一一列举。我们需要从各方面提升自己，充分利用各种工具，快速高效地学习。

第三，女人要善于寻找方法。现在的学习方法丰富多样，不仅网上可以搜索到，阅读丰富专业的图书资料也是不错的选择，再结合自身实际情况，找到适合自己的学习方法。

第四，合理利用时间。时间的飞逝无声无息，总是不经意间从指缝间悄悄溜走。我们要把握时间，就需要给自己定计划，并且按计划认真执行。

名言

我们一定要给自己提出这样的任务：第一是学习，第二是学习，第三还是学习。

——列宁

不做任何人的附属品

女人的人格独立，不是经济独立的必然结果，而是从灵魂深处的独立。人格是一种具有自我意识和自我控制能力，具有感觉、情感、意志等机能的主体。

有独立人格的女人，在事业上有主见，不受他人摆布。很多女人在事业上依赖于男人的意见，结果却只能自己品尝失败的滋味。吸取了教训的女人，明白不能将自己的人生完全寄希望于他人，否则只能让自己陷入进退维谷的境地。如果没有自己的主见，那么便可能沦为他人的棋子，渐渐失去自主的权限。

因此，你需要让自己有主见，不要完全依赖他人的意见，而是有自己的决断，别人的意见需要经过你自己的分析与整合。主见是经过认知而得到的结论，这样的结论有理有据，集自己的主观判断与理性认知于一身，最终成为你深思熟虑后的抉择。有了自己

的主见，没有任何人能轻易改变你，因为你不会轻易被他人的声音左右。

不少女人喜欢听别人的话，比如听父母的话。父母的出发点是好的，却不一定百分之百适合我们。毕竟父母考虑的角度和我们不同，他们对孩子的处境未必能做到感同身受。因此，我们依然要尊重自己内心的那个声音，对父母的善意应该理解，但是他们的话我们应该有选择性地听取，这样我们才能真正成为一个独立自主的人。

所以，女人既要做一个好女儿、好朋友，又不能对父母、朋友言听计从，而要对自己有足够的认知，独立决定自己的人生。既要做温顺的妻子，又不能对丈夫唯唯诺诺。在生活上，女人应该有自己的圈子，才不会在精神、物质上完全依赖男人。

归根结底，人格独立就是不依附于任何人，有自己的主见，做自己该做的事。

修炼

有人把经济独立当作自己提出更多要求的砝码和工具，所以，对男人的要求日益增多，觉得男人应该比自己赚得多才行。其实这是女人不自信的表现，同样是内心懦弱的表现。

任何独立都没有人格独立好。第一步，需要全面了解自己，认识自我的优缺点。第二步，认真听取他人的意见，吸收别人合理的建议。第三步，给自己建议，面对事情的时候，要有自己独立的判断。

成人的人格的影响，对于年轻的人来说，是任何东西都不能代替的最有用的阳光。

——乌申斯基

安于平淡的生活

很多女人总是这山望着那山高，喜欢与他人进行比较。但更多的女人，她们要的只是一个简单且安稳的生活。

满足不了现状的女人，每天都是没有安全感的，在安全感缺失的年代，女人如果没有独立思想，内心就会总是摇摆不定，结果总是得不到自己想要的，所以女人要平淡而知足，这样才能让自己内心舒畅。

平淡的女人不会贪心。她只想要安稳的生活，不见得一定有房有车，但是一定要有很安心的幸福；不见得要吃山珍海味，但是一定要有不会短缺的粗茶淡饭。当人们在追求房和车的时候，她只需要平平安安；不需要有冲天的理想，却需要有一份安稳的工作；不需要身居高位，家财百万，图的仅仅是烟火红尘里的一份安稳。

平淡的女人热爱生活，喜欢给家人做好吃的，一方面是因为外面的饭菜未必健康，另一方面是因为她平日做的菜肴就是家人最想吃的菜，她喜欢研究各种口味的菜品，平时做的大多是荤素的精致搭配，有时候还会加上可口的小凉菜，时常按照家人的口味改良菜品，让家人吃得高兴。

平淡的女人更安分。平淡的女人不给自己增添烦恼，不去想太多，不会希求有多少钱，只是安分又认真地工作，朴素快乐地活着。

安稳的生活是一种幸福的生活，也是一种自由的生活，这样的生活让人沉醉其中，其实更像是一个安乐窝，让人们快乐地享受自己的每一天。多数人累了、倦了都会向往这样的生活，可以在自己的港湾里酣然入眠，而女人在安稳的环境里面，心态平和，安静恬淡，守着一份日常温馨的安谧。

修炼

第一，认识自己。认真思考，自己到底是一个什么样的人，一直以来在做什么，自己的性格如何，自己的感情如何，自己对父母如何，教育孩子如何，对丈夫如何，对亲戚如何，自己应该做一个什么样的人。

第二，反思自己。问问自己要什么，目前是否能够得到，如果得不到，是否要改变，是否要下决心来改变自己的心态，改变心态

后能不能获得想要的东西。

第三，安顿下来。走了这么多的路，想想是不是要安定下来了，别让自己那么累，道路崎岖，人生漫漫，回头一望，原来自己走了好远。

第四，平淡下来。性格已经被磨得温润了，你不会因为一点儿小事而火冒三丈、大发雷霆，一点儿琐碎的小事，皱皱眉头就过去了。经过人生的历练之后，气定神闲已经指日可待，深呼一口气，开心起来，平淡下来。

凡文章先华丽而后平淡。

——吴可

第六章

善交际的女人最成功

女人在社交中更懂得权衡得失，清楚什么话该说，什么事该做。只要女人愿意，总能慢慢培养起自己想要的社交关系。在社交中，女人更能表现出天生的礼貌和耐心。一个低姿态的人，更能赢得对方的好感。所以，女人应当克服自己的心理障碍，提升交际能力来取得成功。

一生中，要有几个真正的朋友

在《永远是朋友》的歌声中，“朋友多了路好走”的思想影响了一代又一代的人，然而千里难寻是朋友，千金难买是朋友，让人觉得朋友好难找。在社交形式越来越丰富的现代社会，朋友分为普通朋友、好友、知心朋友、闺蜜等，也可以看出，友谊的由浅入深实际上是一个层层递进的过程。

两个人见面后，如果感觉尚可，可以成为普通朋友。普通朋友限于相互交往，可以聊一聊工作、生活，彼此了解对方的性格，有些人不拘小节，有些人心思缜密，有些人喜欢八卦，有些人习惯于说对方的好话，有些人喜欢交浅言深，还有些人喜欢交深言浅，每个人都不一样，于是大家习惯把周围的人算在普通朋友中，包括客户、同事等。

兴趣相同是成为好朋友的基础之一。大家在同一活动中合作，谈论共同的话题，相互配合默契，对两个素昧平生的人来说，这是何其有缘。即使两个人脾气性格截然不同，饮食口味不一，说话做事风格完全相反，职业有所差异，也阻挡不了他们成为好朋友。

如果趣味相投，无论对方是什么样的人，都可以成为自己的知己，因为彼此理解，没有隔阂，高默契度让你们仿佛一见如故。这个时候的你们就是一对好姐妹。

当好友的关系上升到知己的层面时，意味着两颗心从此紧密联结，息息相通。千金易得，知己难求。人一生有一个知己，甚至远远超过爱人的意义。因为知己意味着彼此了解欣赏，在心灵上高度契合，不同于日常生活中随意聊天的朋友。而茫茫人海中这样的人往往很难寻觅。

女人除了家庭之外，应该有自己的朋友圈。朋友圈起着互相安慰、互相鼓励的作用。在充满正能量的朋友圈中，负能量所带来的情绪会烟消云散，而在负能量经常爆棚的生活中，朋友圈的重组就显得尤为重要了。

在现实中，物以类聚，人以群分，所谓“近朱者赤，近墨者黑”，意思是，和什么样的朋友在一起，日长月久，深受浸染，你也会与之同化。比如，和悲观的朋友在一起，你也会变成一个悲观的人，这种情绪随之会影响周围的人。如果和乐观的人在一起，那么你的心情就会开朗起来，生活中每一天都洒满阳光。

修炼

先做好自己，然后再寻找朋友。交友往往是看缘分的，极为投合的缘分很少，因为很多时候会受到利益的干扰。在现代社会中，每个人都会考虑到利益，因此我们的朋友中也有一些是因为利益的关系而结交的。所以自己也要区分哪些朋友是因为利益而交往，哪些朋友才是无关利益的真正朋友。

你可以画一个圈，如果是普通朋友，请写在圈子的第四层；如果是好友，请写在第三层；如果是知心朋友，请写在第二层；如果是闺蜜，请写在第一层。对每一个层级的朋友，当然都需要以诚对待，但是在相处时间和交往距离上会有所不同。

名言

世间最美好的东西，莫过于几个头脑和心地都很正直的朋友。

——爱因斯坦

低姿态的高贵

平易近人的女人有一颗虚怀若谷的心，对待别人总是热情而朴实，不仅尊重他人，还以他人为良师益友，谦虚学习，并且关心他人，深得他人的尊重和喜爱。

那么，如何做到平易近人呢？首先是要平等。

我们追求人与人之间的平等，所以希望人与人的交流是对等平衡的，比如，我认真对待你的同时，你也应该认真对待我，但是很多时候不一定能够如我们所愿。先不要失望，结交朋友不要急着要求对方如何对待你，而是要求自己怀着一颗平等待人的心即可。

每个人都希望交的朋友是一个品行良好的人，往往最希望的是朋友在自己最需要帮助的时候，能够伸出一只手，拉自己一下，或许仅仅这样一个援助就可以让自己免于落入深渊。

但如果抱着这样的心态去结交朋友，对方一旦不能满足你的需

求，那么你在心理上就会出现一种失望的落差，这样的交往就难以维系了。多年的朋友突然不再联系，往往是因为有一方出现了问题，结果只能分道扬镳，各自寻找新的朋友。人来人往中，我们的朋友也在不停地更换，最终能够留下来的，多数是平易近人的朋友，或者趣味相投的朋友。

身份越高，越要平易近人。一些身居高位的女人经常摆出一副盛气凌人的架子，表现得自己的高高在上，对人颐指气使，鼻孔朝天，流露出不可一世的傲慢。但这恰恰泄露了她身上那种浅薄、庸俗的气息。其实，身份越高的人越平易近人，一个人无论有多大的成就，都要懂得尊重别人，这样才可以得到众人的尊敬和爱戴。

人们喜欢亲近平易近人的女人。无论对有一定身份和地位的人，还是对普通人，只要她放下自己的身段，和大家能够平等相处，让人们能感受到她发自内心的善意，人们也会对她报以真诚和友善。

在工作中，平易近人的女人是最受大家喜爱的。老同事喜欢她，因为和她在一起合作会感到快乐，这种快乐来自于她对老同事的尊重，使老同事在心理上感到熨帖，觉得这样的女人谦和恭敬。对新同事，她不会压制新人，不做欺压新人的帮凶，并且会在适当的时候给新人机会，帮助新人成长，让新同事很快融入团队中来。

在生活中，平易近人可以让家庭的矛盾消弭于无形。当家庭内部出现矛盾的时候，如果努力为对方着想，换位思考，找出具体问题，一般都是可以解决的。解决的关键在于学会理解和谅解对方，所以平易近人在这个时候很重要。

平易近人的女人不高傲。不少自傲的人经常有意无意地表现出自己的傲气，无论面对什么人，无论是在生活还是在工作中，她的语言都是傲气凌人，结果朋友日渐疏离，知己几乎没有。

平易近人的女人能够尊重他人的意见。鼓励他人说出自己的观点并认真倾听，这样不仅仅能够收获好感与友谊，还可以融合他人的合理建议，把事情做好，让事情有始有终，彻底解决疑难问题。

平易近人是一种修养。这样的修养不仅能表达出一个人真诚的善意，还表现了一种耐心。平易近人让他人获得善意的同时，也是对善意的传播。而耐心则意味着你懂得站在对方的角度设身处地地去考虑事情，不会轻视别人，不会随意发怒。

修炼

平易近人的女人，首先，她是一个亲切的人，有亲和力，不会装模作样，能把本真朴实的自己表现出来。其次，她是一个尊重他人、关心他人的人，不会摆出倨傲的姿态，不会以势压人。最后，

她是一个善良、耐心的人，与人为善，为人耐心。

名言

他的谈吐总是平易近人的，这种单纯既掩饰了他对某些事物的无知，也表现了他的良好的风度和宽容。

——列夫·托尔斯泰

尊重他人才能赢得他人的尊重

尊重是相互的，要想获得他人的尊重，那么必定要先尊重他人。很多人似乎已经淡忘了尊重的美德，经常不尊重他人，这样使得我们在处理师生之间、同事之间、亲朋好友之间的各种关系时常常陷入尴尬的困境，究其原因，是我们在很多时候，只考虑自己，却不注意他人的感受。

在他人向你倾诉的时候，如果你东张西望、左顾右盼，一副心不在焉的样子，就会让对方兴致全无，并且会对你耿耿于怀。如果你没有做出合理的解释，那么双方的关系就会出现破裂的痕迹。所以，无论觉得他人说的事再怎么无聊，你都需要认真地聆听，并且给予合理的建议，不然就请找借口离开，这样可以免受干扰，也能尊重他人。

反过来，在与他人谈话的时候，如果你只顾自己的感受，向对方诉说满腹怨气，滔滔不绝之余，却没有考虑到对方的感受，也是对他的不尊重。可能你只想到要诉说自己的委屈，却不给对方说话的机会，结果演成了“独角戏”，这样的交流也是起不到很好的效果的。

其实，这正如写文章一样。行文需要有一定的节奏感，倘若在大段的文字中，你全用了逗号，或者打字打快了索性没有加任何标点，最后甚至连段落都不分了，那么读者读起来就会倍感吃力，甚至不知所云，这就是不尊重读者的表现。尊重读者的作者是好作者，尊重老师的学生是好学生，尊重学生的老师是好老师。

一个周末的下午，时为西南联大教授的金岳霖突然想起一件事：过两天他要去参加一个学术研讨会，主办方允许他带一名助手前往。这样一个学习锻炼的绝佳机会，他自然首先想到了自己的得意门生王浩。

当行事雷厉风行的金岳霖教授急匆匆地赶到王浩的单身宿舍时，却发现门上挂着一块牌子，牌子上写着：“周末学习，雷打不动，请勿打扰。”金岳霖看后微微一笑。他站在门口等候良久，尽管心中焦急，但是始终没有敲门。后来，其他老师和同学路过这里，好奇地询问金岳霖老师怎么站在这里。知道原委之后，他们纷纷表示不解："您敲下门不就行了吗？您是王浩的恩师，再说您找他也是好事呢。"金岳霖摆了摆手，笑着说："话不能这么说。每个人都有自己的原则，不管什么原因，我们都要充分地尊重他人的原则。"同学们听了金岳霖的话，都暗暗地竖起了大拇指。直到傍晚，王浩出来准备吃饭的时候，才看到等在门口的金岳霖。听完事情的原委后，王浩对金岳霖教授满怀歉意，从此对他敬重有加。

领导要尊重下属。身为领导，如果你对下属讲话亲切，不让下属当众难堪，关心和体谅下属的难处，会让下属心情舒畅，更加努力工作，也能赢得下属对你的尊重。除了下属，也要尊重其他职员，包括尊重竞争对手或其手下也是一种基本的修养，这不仅会让自己更加心胸开阔，还可以得到他人的敬意。

一位商人看到一个衣衫褴褛的铅笔推销员，心中一股怜悯油然而生。他不假思索地将10元钱塞到推销员的手中，然后头也不回地走开了。刚走了几步，他忽然觉得这样做不妥，于是急忙返身折回，抱歉地解释说自己忘了取笔，希望不要介意。最后，他郑重其事地说："你和我一样，都是商人。"

想不到，在多年之后，在一个商贸云集、热烈隆重的社交场

合，一位西装革履、风度翩翩的推销商迎上这位商人，不无感激地自我介绍道：“您可能早已忘记我了，而我也不知道您的名字，但我永远不会忘记您。您就是那位重新给了我自尊和自信的人。我一直觉得自己是个推销铅笔的乞丐，直到您亲口对我说，我和您一样都是商人为止。”

无论是情侣，还是夫妻，都需要尊重对方的隐私，不能随意偷看对方的短信和聊天记录，即使你们彼此深爱，也不能把自己的爱强加在偷窥的不道德甚至违法的行为上。

聪明的女人不会试图通过偷窥隐私来控制男人，真正能够收服男人内心的其实是你对他的尊重，所以，信任他并尊重他的隐私，才是高明之举。

修炼

第一，无论受了多大的委屈，都需要尊重他人。

第二，尊重他人的劳动成果。

第三，把批评转变为忍受和尊重。

第四，做事认真，认真做事的人才能知道做事的辛苦，才能尊重他人，才会被人尊重。

第五，重视对方。

尊重他人就要对他人的缺点不取笑、不歧视。尊重他人要善于站在对方的角度，设身处地地换位思考，推己及人。尊重他人就是善于欣赏、接纳他人，由衷地欣赏和赞美别人的优点、长处，允许他人有超越自己的地方，对他人与自己不同的地方不排斥，不藐视，不做损害他人人格的事。

我们平等地相爱，因为我们互相了解，互相尊重。

——列夫·托尔斯泰

请不要吝啬你的赞美

林肯曾经写道："人人都喜欢受人称赞。"的确，当我们跟他人沟通的时候，最有效的沟通就是赞美，这样很容易拉近双方的距离，有时候即使你不说话，仅仅点头露出赞许的微笑，也可能会被人引为知己，所以请不要吝啬你的赞美。

我们从小就希望获得赞美，长大后，每个人都存在一种心理期待，期待自己受到他人的重视，谁也不希望自己在人群中备受冷落。这个时候，赞美的魅力就会突显出来。赞美是对他人的品格行为、工作业绩等的一种肯定，同时也能表现出自己的胸怀坦荡。所以在社交中，如果真诚地去赞美他人，就可以营造出和谐友善的氛围，收到意想不到的效果。

赞美比批评更有效果，据实验证明，在学习方面，一只具有良好行为就会得到奖励的动物，比一只具有不良行为就会受到惩罚的动物学东西的速度快得多，并且前一种动物更容易记住它的学习内容。作为高级动物的人类亦然，他们会记住自己获得赞美的经历，但批评的方式并不能让人做很大的改变，反而容易招致他人的反感，所以批评的结果多数是士气的降低和感情的受伤。

甲乙两个猎人，各猎得两只兔子回来，甲的妻子看见冷冷地说："你一天只打到两只小野兔吗？真没用！"甲猎人不太高兴，心里埋怨起来："别看就两只野兔，你以为很容易打到吗？"于是第二天他故意空手而回，想让妻子知道打猎的不易。乙猎人则恰恰相反，他的妻子看到他带回了两只兔子，高兴地说："你一下子就打了两只野兔吗？真了不起！"乙猎人听了满心欢喜，心想"两只算什么"，结果第二天他打了四只野兔回来。

从这个小故事中可以看出，赞美是推动家庭进步的力量。在家庭中，赞美不仅可以让丈夫开心地工作，还可以让孩子开心地学习。丈夫每天筋疲力尽地回家，妻子随口的一句赞美，会令他感到心花怒放；本来厌倦学习的孩子，在听了父母的赞美之后，感到自己还有尚未发挥的潜力，从而将学习视为一件愉悦的事情。这样的赞美可以培养孩子的学习兴趣，让孩子养成学习的习惯，主动完成

学习任务。

赞美可以让你在职场上变得灵活主动，在变化莫测的职场中，你需要主动去改变自己周围的环境，赞美他人会改变对方对你的看法。这样你就不会被职场的斗争所包围，相反能够灵活游走于职场人际关系之中。

赞美让女人更有魅力。女人赞美身边的女人，一般是赞美那些比自己能干或者漂亮的女人，即使她们是我们以前的“敌人”。当我们改变策略，开始赞美对方的时候，与她们成为朋友就指日可待了。赞美对方，慢慢改变自己，用善良的心态去对待他人，学习其身上的气质和内涵，最后为己所用，提升自己的魅力。

即使你在这个过程中什么都没有学到，但是你放下了敌意，开阔了心胸，让自己虚怀若谷，这也是一种人生态度的改变。赞美对方，做最有魅力的自己，也让自己获得他人的称赞，幸福就会不期而至。

赞美可以拉近双方的距离。两个本来关系平平的人，可能在一次交谈中，一方赞美另一方突出的优点，让对方异常高兴，觉得跟其说话轻松愉悦，并且期待下一次的交流。在一次次的赞美中，两个人日益默契，最后成为知己。

不过，赞美也要把握一个度，赞美过多有时还不如赞美得少有效，因为人是会审美疲劳的，当你不断赞美对方的时候，其实会容易引起对方的警惕之心，这样反而会弄巧成拙。

同时，赞美对方也要讲原则，不能随意恭维他人。真正明智的人对无休止的恭维其实并不喜欢，只有一定程度上了解对方后，再进行赞美，才能让自己的赞美真正触动他人的内心。

女人学会赞美他人，其实就是赞美自己，在赞美的话语中，她与这个世界交相辉映，熠熠生辉。

修炼

第一种，肯定以及鼓励，这种方式多数用在长辈对晚辈、上级对下级的赞美上。

第二种，在获得他人的帮助之前，赞美他人的才能以及经验，首先要摆正位置，然后再去赞扬，这样可以博得他人的好感。

第三种，根据不同的情况进行赞美。比如，根据对方的文化水平，有文化水平的，可以用比较雅致的话语，文化水平不高的，可以用比较通俗的话语。再比如，根据对方的形象，对方明明是一位长发披肩的淑女，你却说她长得帅气，这样就显得生硬。还要注意根据对方的个性，如果对方性格比较严肃，就要少赞美，如果对方性格开朗，就要多赞美。

第四种，幽默赞美，在不同的环境中，发现对方的优点，然后用幽默的方式赞美。

名言

记住人家的名字，而且很轻易地叫出来，等于给别人一个巧妙而有效的赞美。

——戴尔·卡耐基

做一个好的倾听者

在社交中，除了说以外，最重要的就是听了。倾听就是认真、专注地听他人讲话，表现出足够的耐心。我们可以设想这样一个场景。当你对一个人认真说话的时候，他却对你爱搭不理，心不在焉，而且不时地看表，这个时候你不得不停下来对他说："如果你有事情，请先忙吧，以后我们再聊。"可是他说没事，于是你继续说，可是他依然故我，并且还开始东张西望，好像在等某个人，这时，你叹了一口气说："我说完了。"结果这个人很惊讶地离开了，似乎想不到竟然这么快就结束了。

可想而知，你此时的糟糕心情是无法用言语来形容的。你希望有一个人专心致志地倾听你说话，很遗憾的是这样的人不太多，因为人们的心思总是浮躁而飘忽不定的，对你的话漠不关心，比较感兴趣的是自己手里的手机。

在这种环境下，专心听人讲话显得尤为重要。所以，在听他人讲话的时候，最好抬头、挺胸，用微笑的神情注视对方，表情跟对方的表情呼应，特别是在关键时刻，需要点头赞许或者随声附和。这也是一个专业听众应有的素养。作为一名听众，你就应该关注他人的一举一动，做好互动环节，有时候可能是问答式，有时候可能是点头式，以使对方有持续说话的动力。

听他人讲话的时候，我们要全神贯注，但是不能长时间地盯着对方的眼睛，而是要注视对方的脸，这样可以避免对方产生厌恶情绪。其实长时间地倾听容易累，因为你要调动耳朵和大脑高速运转，思考对方说话的逻辑、真假，思考对方说的整个故事中，出现了什么不可逆转的事情。

上级在倾听下级汇报的时候，专注很重要，如果你看着下属，可能会让下属很兴奋，他们的汇报也会格外生动精彩。此外不要有任何的小动作，因为小动作很容易分散下属的注意力，打断他们汇报的思路，让下属觉得上级已经不太耐烦了，或者对汇报不感兴趣了，这些小动作一般是发短信、目光呆滞地看着别处，跟他人说笑，翻看文件夹，面无表情地埋头在写字板上画画等。

下级在倾听上级讲话的时候，不要迟到或早退，不要在下面交头接耳、写写画画、发短信。上级在上面讲话，下属在下面的小动作很容易让他分心，如果上级压不住自己的怒火，那你就距离被训斥不远了。

尽量避免打断他人的谈话。打断别人讲话是没有礼貌的行为，这种行为很容易引起他人的反感。如果有人给你提出了合理的建议，但是这样的建议早就被人提过，或者其实你已经想过了，最好不要立刻打断对方，或者不顾对方的诚意，然后自我发挥，这样很容易阻碍彼此的沟通。

让对方把话讲完，你才能了解对方的真实想法，听懂对方的言外之意，同时也是一种尊重和耐心。学会倾听是一种艺术，也是会说话的最高境界，在我们的人际交往中，这一条必不可少，却也是最容易被人忽略的。

伏尔泰说过："我不同意你说的话，但我誓死捍卫你说话的权利。"这是18世纪的经典言论，这句话在目前仍然没有过时，并且永远都不会过时，因为它描绘了人们心中比较理想的话语权，尊重人们基本的说话权利，让人们有表达自己意愿的可能。而在自由的权限中，说话的权利是至关重要的，也是无人可以剥夺的。任何人都不能阻止他人说话的权利，如果剥夺了他人说话的权利，无疑就是一种犯罪。从这一点来说，倾听他人的讲话也拥有了更深层次的含义。

修炼

第一，一定要有耐心。

第二，真心实意地听讲，不一定要看着对方的眼睛，但是一定要认真听对方说话。

第三，要肯定对方说的话。

第四，学会配合说话，比如“真是这样吗”“太棒了”“是”“然后呢”。

倾听的表情：集中精力认真听对方讲话，听完之后要积极交流。耐心倾听需要端正态度，有礼貌，注意对面人的神态，从中了解什么才是对方愿意听的。虚心倾听，有涵养的同时，也要不急不躁。跟对方互动，中间可以插话，不懂的可以问清楚，避免因信息捕捉的错误而无中生有。最后，需要多多鼓励对方。

一双灵巧的耳朵胜过十张能说会道的嘴巴。

——卡耐基

坚守自己的原则和底线

在生活中，很多时候需要考验一个人的底线。底线是一个人内心最深处的标尺，是对自己最低的要求，或者说是最后的要求。每个人的底线都不尽相同，因为每个人的人生经验都存在差异，具体个体的底线是他人无权干涉的，但是普通大众一旦树立了底线，就请坚持下去。

找到自己的方向，坚持原则不动摇。在盲目的生活中，很多人找不到方向，迷失了自己的初心。有些人本来有明确的方向，可是却不能坚持到底，而是随着周围人的动向而摇摆不定，却忘记了自己的一颗本心，最终只能是亦步亦趋地做一个追随者。

这跟我们选择职业一样，职业也是方向，当我们的方向选好的时候，职业其实就已经选好了。任何事物都有一定的周期，像音律一样高低起伏，随着事物的发展而变化，当跌到低谷的时候，只要它仍有生机，最终仍然会回到巅峰，这就需要你用自己的眼光来审时度势。当我们遇到挫折的时候，很多人都会陷入悲伤之中，仿佛没有了奋斗的方向和希望。

这个时候的人生是最为变幻无常的，人最容易转变方向，也最容易丢失自己的原则，做出一些让日后的自己回想起来觉得不齿的行为，人生的悲哀也在于此。人生的方向是每个人自己的选择，但每个人也都要恪守自己做事的原则，不能为图一时之快而越过雷池。做人也一样，不能人云亦云，而应把握自己的底线，保住本心，让自己成为有原则的人。

有原则的人，知道哪些事情该做，哪些事情不该做。而没有原则的人缺少对事物衡量的尺度，会越来越百无禁忌，步入歧途，越陷越深，迷途难返。

在生活中，处处皆有原则。插队的行为固然可以让自己高兴一时，但有一天如果别人也插队到你的前面，你肯定会十分不悦，那么下次就不要插队了，不然后面的人也会指责你。

有时遇到了心仪的男人，或者被一个男人感动了，一般的女人会迅速爱上对方，愿意倾尽真心为男人做任何事情，却不知道浪漫、嘘寒问暖、陪聊陪吃往往只限于表面，并不是爱的全部，真正的爱是甘愿牺牲自己让你变得更好。在对方的花言巧语面前，女人要及时稳定自己的情绪，坚守自己的原则，这样才能真正收获爱情。

在工作中，也需要原则。只要是自己的工作，就应保质保量地认真完成，因为无论你做好还是做差，后果都是由你自己来承担，所以应该严格要求自己，交上一份满意的答卷，这样才会找到你在公司的最强存在感。尊重同事，因为尊重他人是良好的品德，也是为人的原则。尊重自己，自尊也自爱，让自己有尊严，对领导不卑不亢，不卑躬屈膝，和同事要平等交流。

坚持你所坚持的，放弃你所放弃的，拥有你所拥有的，让自己心情清清爽爽，快快乐乐，前提是要有自己的底线，要有自己的原则。

修炼

第一，做一个干干净净的人，不仅是身体干净，心灵也要干净。

第二，独立自主。

第三，自爱、自尊。

第四，尊重他人。

第五，不卑不亢。

第六，设定自己的底线。

第七，守住自己的底线。

名言

原则是我的信条而不是我的权术。

——迪斯累利

第七章

女人的心态是养出来的

心态是一辈子的事情，从小到大，每个时期的心态都会有所不同。拥有一个好心态，才能从容地面对任何事情。我们的最终目的是让生活更加美好，让工作成为一种快乐，从容享受工作的乐趣，而这些美好的事物都需要有一个好心态来支撑。

好心态是成熟的内核，成熟是好心态的外衣，成熟的外衣负责你外表的强大，而好心态让内心成就强大的自己。

最有吸引力的女性是乐观积极的

一个人快乐，源于她选择了乐观的态度。快乐是一辈子的事情，人只有快乐，才能让自己精神焕发。在面对困难的时候，如果采取了积极的态度和方式，那么快乐将常伴你身旁。生活如同一面镜子，镜中折射出你对它的态度，而我们快乐与否，取决于对人生是怎样的一番心境。

如果是积极的女人，她会努力调节自己的心情，不让自己被烦躁的情绪所笼罩，更不会满面愁云。她会选择主动去寻找增加收入的途径，而不是一味地寄希望于男人。

生活有再多的艰辛，也无法阻挡积极的女人热爱生活的决心，她一定会快乐地过好每一天。而随着年龄的增长与心智的成熟，男人的责任心也会促使他努力奋斗，为了家中的妻儿在事业上打拼，而不会沉迷于其他事情。积极的女人因为看到这一点，所以对丈夫以至整个家庭都会抱有坚定的信心，相信车到山前必有路，不会让自己整日愁眉不展。

愉快的心情可以给人正面的能量，使人受益匪浅。好心情带你走向好境界，它会让你每一天都洋溢着生命的神采，通身充满青春的活力。有时我们可能会问快乐究竟在哪里，其实快乐无处不在，关键是自己的心境。如果你的内心充满乐观，那么快乐就会如影随形；如果你内心被悲观浸染，那么时时都沉浸在伤心的泪水里，心灵的天空总是停留在落雨的季节。

碰到了悲伤的事情，要学会遗忘，学会重新开始。在分手之后，要先遗忘，再去爱，遗忘悲伤的过往，让快乐回到心中，然后重新开始，与周围的朋友沟通，等待下一个转角与真爱的邂逅。

碰到不愉快的事情，要学会接受。每个人都会碰到不愉快的事情，但是事情已经发生，我们无法抹杀它的存在，所以我们需要接受它，这样才知道快乐来之不易。没必要去自寻烦恼，与其感叹命运多舛，还不如平静地接受不如意的事情，让自己心态归于平和，让快乐回到自己身边。

学会感恩，快乐自我。感谢一切，包括风霜雨雪、昼夜寒暑，感谢生活的百味杂陈，感谢他人的质疑中伤，正是这些让你吃一堑长一智，丰富了人生的阅历，也让你在日后的漫漫人生路上可以走得更远。

快乐是自己的，把握自己的快乐，让好心态随你一起飞。

修炼

第一，接受不愉快。

第二，只跟自己比，不跟他人比。

第三，用心寻找快乐的影子。

第四，有感恩之心，多做好事。

第五，要学会放弃自己力所不及的事情，放下耿耿于怀的不快。

在细节上，不要对自己过分苛求，不要对他人要求过高，而要及时、有效地疏导自己的愤怒情绪，找他人倾诉烦恼，遇事不要强出头，不要处处跟人竞争，助人为乐，凡事别斤斤计较，朝大的方向看。

快乐就像香水，不是泼在别人身上，而是洒在自己身上。

——拉尔夫·沃尔多·爱默生

女人也要懂幽默

如果问如何才能轻松愉快，那么最简单的莫过于幽默。在幽默中体会轻松，可谓顺理成章，也是一个最简单的行为，不需要花钱，也不需要请很多人，只看你语言的艺术功力。有一位心理学家说过，幽默是一种最有趣、最具有感染力、最具有普遍意义的传递艺术，它是人际交往的润滑剂，可以起到缓冲作用，又好比一座无形的桥梁横跨在两个人之间，缩短了两个人心灵的距离。

比较亲密的朋友之间，如果彼此总是礼貌恭敬，反而会感觉拘谨，不妨开开善意的小玩笑，适当地幽默一下，那么朋友间的关系会更加亲密无间。

有一次，海涅收到朋友寄来的一个很重的包裹，还欠了邮资。拆开看时，原来是一大捆包装纸，还附有一张朋友的亲笔纸条：

“我一切安好，请你放心。你的梅厄。”

几天后，梅厄也收到一个很重的欠邮资包裹，这个来自海涅的包裹使得他在领取时付了一笔数目不小的钱。梅厄打开一看，原来包裹里是一块石头，并且也附有一张纸条：“亲爱的梅厄，知道你很好，我心里的这块石头也就落地了。”

在许多场合，幽默具有很好的活跃气氛、使人愉悦的功效，所以懂幽默的人最容易赢得他人的好感，获得大家的支持和理解。如果你富有幽默感，那么在社交中就会占据优势。

一个幽默的人无论走到哪儿，都是人群的焦点，在谈吐之间，让人们刮目相看。这个时候的幽默已经是一门技艺了，这样的技艺可以消除人内心的紧张，润滑人际关系，化解尴尬的气氛，从而使人掌控整个局面。著名作家王蒙说：“幽默是一种承认的智慧，一种穿透力，一两句就把那畸形的、讳莫如深的东西端了出来，既包含无可奈何，也包含着健康的希冀。”幽默最基本的意义是给人带来愉悦的心情。

在生活中，我们会经常遇到几个问题，比如，人际疏离，缺乏沟通，只在自己的小范围内活动，忽略了亲人，淡漠了感情，沉迷在一些虚拟的世界中，不愿走入现实生活。其实并不是因为周围的人不好相处，而是因为你没有找到沟通的秘诀。如果你愿意用幽默来沟通，那么很容易就会让自己融入其中，不用再忍受孤单寂寞了。

有的人在与人交往过程中经常猜忌，他人犯一次错误就把他人全盘否定，甚至不再跟人来往，觉得周围的人都是坏人，朋友之间无非是相互利用，结果头脑中全是“人心隔肚皮”“知人知面不知心”“防人之心不可无”等思想，这就阻碍了自己的社交。其实用幽默就可以很好地打圆场，并不需要去深究周围的任何关系，对事不对人即可。

还有人自视甚高，目空一切，觉得周围的人都不如自己，实在难以交流，于是语言里便带有尖酸刻薄的味道，态度上孤傲清冷，根本就没有合群的想法。我们总会在社交场合看到这样的人，其实她们内心还是想加入人群的，只是高傲的脾气成为她坚硬的盔甲，于是与人之间便产生了隔膜，给自己的人生蒙上了一层厚厚的沙土。其实她们只需要用幽默改变自己，让自己成为一个谈笑风生的人，高傲的个性慢慢就会改变很多，越来越合群。

也有人自视甚低，觉得自己什么都没有，从外表到内涵，无一突出，职业平平，学历也不高，甚至连跟人交流也失败，结果越来越觉得自己不行，什么都没有，口才也不行，这样的人慢慢会自暴自弃。完全没有一点儿进取之心。其实幽默是让你口才变棒的一个绝技，跟职业、学历、外貌都没有关系，只需要你慢慢向幽默靠拢，可能就会拥有另外一种人生。

只要你活学活用这张嘴，它就可以让你拥有一个良好的人际关系，比如，用幽默改变他人对自己的看法，从而改善自己的人际关系。

我们常以善意的微笑代替抱怨，这样可以避免大家的争吵，而幽默比微笑还要有力，它可以缓解紧张，平息愤怒，让人们的关系进入一个良性的循环。如果他人的态度让你难堪，甚至是愤怒，其实你可以幽默地转折，让自己处于一定的优势地位，让自己变得特别有力度、有内涵。比如，在工作的场合，有一个顾客对你们店的服务态度很失望，以抱怨的语言来指责你，这个时候你要拿出你的幽默感，化解矛盾，增强顾客的满意度。

在跟他人沟通困难的时候，我们要先从自己的身上找找原因，根据实际情况来分析，看看在沟通中到底出现了什么问题，然后再将自己存在的问题纠正过来。之后，要更加积极地了解对方的情况，找到切入点，建立与对方的有效沟通。在上下级出现问题的时候，一个适当的小幽默往往有着破冰的效果，能让工作顺利开展。

平时可以多看看幽默沟通方面的内容，做做这方面的社交笔记，这样人生可能就是另一种模样了。

修炼

幽默可以缓解与人交往的僵局，可以当作批评的糖衣炮弹，让氛围更加舒适，润物细无声地触动人心。那么，如何做到幽默呢？你可以开玩笑自嘲，自嘲的幽默很容易引起共鸣，同时多说笑话，平时多学一点儿幽默方面的常识，多读幽默题材的文章。

幽默是具有智慧，教育和道德上优越的表现。

——恩格斯

会撒娇的女人最可爱

有一个流行词语叫“卡哇伊”，意思是可爱。很多人喜欢可爱的女人，那么可爱的女人到底有什么优势？这些都是从生活中能够品读出来的。

不少女人都喜欢可爱，觉得可爱是一辈子的事情。可爱其实是令人喜爱的意思，一个女人做一些令人喜爱的事情，只有可爱的女人才会做可爱的事情，美丽的女人并不见得会做。

可爱是一种感受，也是一种气质，人们并不会因为美丽而变得可爱，但是却可以因为可爱而增添美丽的内涵。

骨子里的可爱是很多人所欣赏的，无论男女，都将它当成一种收藏品。

可爱的性格成就可爱的女人，让她去掉了内心的浮躁，让她更加富有魅力，增添了女人的光彩，可爱是一个女人一定要具备的。

可爱的女人要俏皮，说俏皮话，做俏皮事，这样才能让自己成为俏皮的人。俏皮的女人，大眼睛就能够表达可爱的味道，俏皮的笑容以及露出来的虎牙和小酒窝都让人觉得可爱，即使不说话也能给人一种可爱的感觉。

会撒娇的女人才是可爱的女人。擅长撒娇的女人一定是风情万种，同样也是可爱的女人，在社交场合，最容易得到周围人的喜爱。撒娇是一种情趣，也是一种武器，能够化解矛盾。撒娇并不是任性和依赖，任性多数时候会让人扫兴，过分依赖会让他人觉得压力很大，这样的撒娇会阻碍女人心智的成熟，所以撒娇要看人、时间和地点。

修炼

女人该如何撒娇?

第一，使用温柔的口头语言或肢体语言。比如，从背后抱住对方，同时握住对方的手，用温柔的语气跟他说话。

第二，学会装傻。当你和对方吵架的时候，可以故意装傻，假装听不懂，或者顾左右而言他，这样往往会轻松化解一场口舌之争。

第三，要无赖。有时候两个人之间是不需要讲道理的，适当地耍一下无赖，反而会增进你们之间的感情。

但是，撒娇还要注意以下几点，否则很有可能弄巧成拙。

第一，注意次数。撒娇并非越多越好，太多了反而会让人烦躁。

第二，见好就收。要有进有退，忌得寸进尺。否则久而久之男人会没有反应。

第三，公开场合不要撒娇。两个人私下的空间里自然无所谓，但在公众场合撒娇会很尴尬。

第四，心情不好时不要撒娇。如果一个人心情不好的时候，对他撒娇反而会让他倍感烦乱。

人并不是因为美丽才可爱，而是因为可爱才美丽。

——列夫·托尔斯泰

守住一颗平常心

你在羡慕他人的时候，自己也在被另一些人所羡慕；当你正在被一些事物困扰的时候，他人也面临类似的烦恼。你所追求的事物有多少，遇到的困扰就有多少。人类的追求是无止境的，那么我们应如何达成自己的目标，怎样让自己获得满足？获得满足之后，如果突然一落千丈，又该如何应对？这些都需要我们要用一颗平常心去思考，才能得到正确答案。

有些人只考虑自己的利益，却忽略了他人的感受，利益面前可谓斤斤计较，生怕自己有任何亏损。对于一个人来说，或许最快意的事情就是超越所有竞争者，自己遥遥领先，那是一种不可一世的风光。

大概这是许多人心中的梦想，但并不是所有人都能拥有这样的能力和机遇。作为普通人，我们要时刻保持平常心，这样才能让自己活得更快乐。毕竟人生之事，不如意者十之八九，虽说我们追求的是过程，但是过程不见得会令每个人都满意。即便有不满意的情绪，也不能让你改变什么，仅仅是让你的脾气越来越坏，心情越来越糟，慢慢成为不幸的开始，所以保持平常心很重要。

平常心是一种包容的态度。海纳百川，有容乃大，只有胸怀宽广的人才能包容他人的一切，可以坦然面对任何事情。这就需要我们在现实生活和工作中有一个包容的心态，对待他人要宽容。比如，他人做错事了，你不妨一笑而过，让他人下次注意，重新开始。他人无意说错话了，及时打消对方的顾虑，给他一个台阶下，这样事情往往就会有回旋的余地。你给对方以包容，对方也会以同样的态度来回报你，这样就形成了一个正能量的循环，不断滋润着你包容的心。

待人宽容，保持一颗平常心，就有了好心态，容易把事情往好处想，容易看到他人的闪光点，也容易把事情做得简单一些。无论是在现实生活中，还是在虚拟世界里，我们都会遇到形形色色的人，他们有好有坏，很多时候不能用非黑即白的眼光来进行评定，而他们与我们的关系也可谓错综复杂，这恰恰为矛盾诞生提供了温床，甚至一点儿小事都会引发连锁反应。此时就需要我们用平常心去对待，对繁杂的事情做减法，化繁为简，将这些矛盾消弭于无形。

比如在工作中，同事之间最容易出现矛盾。为了竞争相同的职位或业务，很多时候双方可能会发生争执，闹到不可开交。这个时候，如果你能保持一颗平常心，冷静地看待这件事情，换个角度来思考，用正常的方法来对待事情，认真反思自己的行为，发现自己的问题，不让自己被傲慢与偏见冲昏头脑，从而找到解决问题的突破口，这样才能完成对话与和解，推动业务的开展，从而使自己立于不败之地。

拥有平常心的人处理事情会更加理智。在这个信息爆炸的年代，人们的压力越来越大，生活空间越来越小，机遇和挑战越来越多，成功却往往转瞬即逝，难以捕捉。在快节奏的生活中，人们很难把握自己的情绪，反而被情绪所牵制，丢失了平常心后，浮躁的心态衍生出焦虑，这样的心态往往会导致冲动的行为一触即发，得不偿失。

面对压力和困难，我们要重拾平常心，学会承受，直面困境，让自己冷静的智慧之光照进现实。无论是否能够解决麻烦，只要你保持平常心，就不会在逆境中迷失自己、步入歧途，即便在遭遇挫折之后，也依然能够不忘初心，重整旗鼓。

保持平常心的人是懂得感恩的人，他会感恩这个世界赐予的一切，心中没有仇恨，时时记得他人的恩惠，自己给予他人的恩惠，则会及时忘记，始终保持自己的平常心。

修炼

耐住寂寞，欲望要少，把钱看淡，不羡慕，不嫉妒，做人厚道，大度之人做大事，诚信处世，感恩，忘记给人的恩惠，不与人攀比，保持平常心。

名言

人生最低的境界是平凡，其次是超凡脱俗，最高是返璞归真的平凡。

——周国平

第八章

隐藏在女性体内的性格优势

人们都知道，性格决定命运，在社会中能够生存下来，必定是有一个好性格，这样才能让自己不被社会淘汰，即使平凡无奇，也会有自己的立足之地。作为一个普通人，在社会上能够拥有一席之地，往往要归功于好性格。而坏性格会让我们无处安身，朋友越来越少，在浮躁和压力越来越大的社会中，失去竞争优势。

保持个性，让你拥有不可抗拒的魅力

如今，美女越来越多，个性的女人也越来越多。个性，其实算是人生的底线，当一个人的底线被磨灭的时候，那么即使生活在安逸之中，她的人生意义也会和尘土一样卑微。

我们这里说的个性是好个性，并不是那种自私自利、坏脾气的个性。拥有坏个性的女人不仅容易让别人受伤，也容易让自己受伤。她们就像幼稚的小女孩，一直在向大人撒娇，一直长不大，不成熟的态度展露无遗，从某种意义上看，这也是弱者的表现，最后她们很容易成为自私自利的人。

自私自利的个性会让周围的人远离你，让你失去朋友。患难才能见真情，你不能共患难，朋友就会因此离你而去。

个性差的女人最容易把他人的思维曲解成其他的意思，往往还好钻牛角尖，别人即使赞美她，她也会觉得别人不怀好意，常用负面的心理去揣测他人，因为一句话可以怨别人很久，觉得人心险恶。因为此前她经常被他人欺骗，所以导致对他人失去信任，结果恶性循环，思维难以转变。

个性好的女人拥有善良、真诚、独立、勇敢、热情、豁达、宽容等品质。无论外界如何变化，都不要丢失自己的本性。生活在自己的价值观里，不会随波逐流的女人是最容易得到幸福的，因为她的心灵有所寄托，不会因为各种诱惑以及打击而动摇彷徨，因此可以成为内心最勇敢的女人，守护自己内心的那道底线。

个性女人懂得说“不”。在一些事情上，因为不好意思说“不”，一些麻烦事情会找上门来纠缠不休，所以应该个性一点儿，不要人云亦云，而要懂得去拒绝别人，这样可以遵循自己内心真实的想法，而不是屈从于他人的意志。

我们知道拒绝可能会让他人怪罪你，但这样最坏的结果是丢失一个朋友，而且还不是真正的好朋友。如果左右为难，你就会丢失自己的底线。如果因为人情和面子而不敢拒绝，最后你自己都会觉得失去了个性，同时失去吸引力。为了求好评的心态，最终却弄丢了自己，这无疑是得不偿失的。毕竟，在岁月的流逝里，一个人最终留下来的最珍贵的便是人生的沉淀，自己的本心。

面对诱惑的时候，我们要有个性地拒绝，花花世界、诱惑可谓无处不在，而且光怪陆离。然而女人终究不能生活在诱惑之中，它们会一时迷惑你的心智，然而为此付出的代价却会让你后悔莫及。

面对外物，我们要保持自我，不能因外界的变动随风而倒，这样才能让自己有坚实的立足之地，任社会怎么变化，我们都可以以不变应万变。

修炼

世界再怎么变化，你不要变，保持自己，保持独立。好的个性需要保留，坏的个性需要丢弃。

我知道的东西谁都可以知道，而我的个性却为我所独有。

——歌德

不一定成功，但一定要正直

从小到大，一个人不一定会成功，但是一定要做一个正直的人。只有正直的人才能让自己活得坦荡，活得快乐。

巴菲特喜欢正直的人，曾经再三忠告孩子，一定要做一个正直的人。他曾经考察过一家特别优质的公司，按照各方面的指标来说，这家公司特别适合作合作对象，而且公司的老总非常看好巴菲特，认准了巴菲特这个品牌，但是巴菲特调查的时候发现，这家公司从创办到公司的股票上市有多处疑点。巴菲特为此进行了深入的调查，发现这家公司的老板为人并不正直，做过不少坏事，为此巴菲特直接拒绝了与这家公司的合作。

在巴菲特的心中，人品与公司的前景有直接关系，稍有不慎就会翻船，因为正直跟诚实、忠诚密不可分。同样，如果女人不正直，那么就很难赢得别人的信任，无论对方是同性还是异性，双方的来往都会慢慢淡化，之后双方保持一定的距离，最后终止来往。

正直的女人充满正能量。一般男人都愿意跟正直的女人交往，在交往过程中，正直的女人会给男人带来正能量，而现在许多女人接受了腹黑的价值观，并以此劝服和教导他人，结果影响周围越来越多的人，却没有任何的正能量。

在正能量越来越缺乏的年代，人们很多时候吸收的可能是负能量的衍生物。因此，所有人都觉得正直是一个人的闪光点，是特别难能可贵的品质。

在单位的宣传部门，整整一箱用于送给客户的礼物被大家你一个我一个地拿走了。这个时候，一旁的阿莲站起来说："大家听我说，能不能把礼物放回去？如果我们这次把这些拿走了，客户那边的礼物我们怎么交代？即使用各种借口堵住了，但是下一步公司会削减礼物的费用，如果我们把这些拿走了，下次公司的礼物变少了，我们和客户的关系怎么处理呢？"

起初大家都觉得阿莲多管闲事，仔细一想她说得很有道理。长期做销售的同事其实都知道，公司的礼品费用一直在削减，真的到时候批不下来了，或者延迟批准，那么工作就不好开展了。

大家纷纷同意阿莲的提议，并且对阿莲的认识产生了很大的改变。阿莲也深受鼓舞，保持着自己正直的原则，每次出去聚会，大家都一致让阿莲来管理费用的支出和分配。半年后，阿莲在众望所归中升为主管。阿莲的路越走越宽，但是她正直的为人始终不变，这一点也赢得了公司上上下下对她的尊敬。

正直的女人也会深得家人的喜欢，她的正义感让整个家庭都充满正能量，即使是一个清苦的家庭，精神也永远是积极向上的。她会劝诫丈夫做好自己的本分，不要在外面染上恶习，不要向邪恶势力妥协，平时认真做好自己，踏实勤奋，爱岗敬业，在单位做一个好员工，在家中做一个好丈夫、好儿子、好父亲。

正直的女人会教导孩子，做人一定要正直，金钱可以赚到，只要你有方向和技巧，但是保持好品行是一辈子的事情。她会告诉孩子不要以自我为中心，要学会和他人沟通交流。做一个正直的人，但不等于做一个刻板的人。在这个时代里要学会与时俱进，要学会和他人处理好关系，但是正直的核心不能改变，要做好自己，然后带动周围的人，从而和大家一起营造良好的风气。

正直的女人是非常难得的，她传递正能量，让很多人尊敬和钦

佩，在强大的诱惑面前淡定如初，在巨大的喜悦面前淡然不惊，在巨大的能力面前仍注重道德。

修炼

第一，敢做敢当。

第二，不向恶势力妥协。

第三，不要有私心。

第四，坚信真善美。

名言

正直为吾人最良之品性，且为处世之最良法，与人交接，一以正直为本旨。正直二字，实为信用之基。

——管绿荫

善良的种子会开花

人们都喜欢善良的女人，不少男人在选择结婚对象的时候也会把善良作为首要标准。

无论一个女人的容颜如何，如果给她加上“善良”的光辉，那么这个女人必定是美丽的，因为天使的美丽在于她的善良。善良是充满智慧的，并不是懵懂无知的良善。

善良的女人不会置身于争名夺利的斗争中，而会选择合适的时机抽身而退。她觉得没必要为了名利去不择手段，与其在职场中树敌，莫不如与人为善，毕竟天地之大，职场外还有漫长的人生路等待跋涉，看似不争，其实她却比争夺的人得到的更多。

在他人获得成功的时候，善良的女人会发自内心地祝福对方，而不会生出嫉妒之心。见到他人的成功，就如同自己的成功一般，为之欢欣鼓舞，而见到他人的失败落寞，犹如自己遭受了挫折，会为对方惋惜遗憾，并以善良的心性去安慰和鼓励对方。这一切对她来说，都是由心而生的，而不是虚情假意的矫饰。她乐于分享，与人为善，深知“予人玫瑰，手有余香”之意，对他人和社会，会主动去做力所能及的事情，让世界冰封的角落也顿时温暖起来。她做慈善的动机来自于温暖内心的怜悯，因为这种怜悯之情，善良的女人往往更懂得怎样去包容与爱护他人。

心地善良的女人在家庭中有贤惠的美名，她知道如何去尊重老人，会从内心去关爱老人，把其当成自己真正的亲人。她懂得一个家庭总要求同存异才能有长久的和睦兴旺，因此懂得包容与自己有不同观念的人，并且用心去经营家庭，让家人在疲惫的时候依然能找到一个温馨的港湾、心灵的栖息地。

善良的女人并不傻，倘若男人有着很强的责任心和事业心，她会适时地帮助男人减压，让他少一些心理的负担，专心在事业上奋斗。如果男人缺少责任感并且不肯积极上进，那就需要她通过各种办法帮助并督促男人迅速成长，激发他的责任心，督促他拼搏奋进。毕竟男人的成熟一般会稍晚于女人，所以帮助他成长为一个成熟而有担当的男人，也是女人成就感的来源之一。

女人也不能太过善良，要有区别地对人善良。我们都听说过农夫和蛇的故事，善良的农夫怜惜一条冻僵的蛇，结果蛇被救活后却咬死了农夫。女人在与他人交往的时候，虽然并不一定要求对方能感激，但是至少也要保证不让自己受到伤害。如果遇到恩将仇报的人，那么你的怜悯反而会为自己日后埋下隐患，所以在善良的同时，一定要擦亮自己的双眼。

善良的女人，男女老少都喜欢。善良的美德之于女人，恰如在她身上披带的鲜花，映衬出她自身的温柔美好。

修炼

何为善良呢？

第一，对长辈孝顺。

第二，对待周围的人与动物常怀友善之心。

第三，善良也要有智慧。

第四，不做恶的帮凶。

名言

善不是一种学问，而是一种行为。

——罗曼·罗兰

任何时候，都不该弄丢你的诚信

诚信是中华民族的传统美德，它是一个人终其一生的庄重承诺，是一个人美好品行中的应有之义，与学历、财富、年龄无关。“人无信不立”，在社会上，诚信无疑是立身之本，是契约精神的另一种演绎，而女人的诚信也很重要。

诚信的女人有对婚姻的忠诚。在她心中婚姻是神圣的，没有人可以打破这个神坛。在结婚的时候，男女双方都需要有郑重的约定，有仪式来见证双方的誓言与承诺，而从契约成立的那一刻起，双方都需要遵守契约精神。女人遵守契约精神，其实是对婚姻的一种保护，她遵守婚姻的约定，不因男人的率先打破而随之破坏契约，而是懂得用解除契约的方式来保护自己的独立，那就是结束这段婚姻而后重新开始。

诚信的女人在职场上是众人仰望的灯塔。在一些工作中，很多人都不愿意跟女人进行生意上的来往，担心女人说话不靠谱、为人不大气，没有男人做事干净利落，这些成为不跟女人合作最常用的借口。但是这并不妨碍那些真正保持信誉度的女人在职场中无往不胜，以自己的行为竖起一座诚信的丰碑，在物欲横流的社会里点亮沧海中的灯塔，令男人对女人的诚信度刮目相看。

张琴是一个敢闯敢拼的女人，自己有工厂，也有公司，还有十几家店铺，可是最近由于拓展项目过快，导致流动资金迅速减少，眼看发不出工资了，财务很着急。张琴开始用信用卡取现发工资，这让员工压力很大，张琴也是从工薪阶层起家的，知道每个员工都需要缴纳房租、水费、电费，还有一些人是月光族，等着这些钱生活呢。

张琴觉得自己不能亏待手下的员工，于是将手里的一套房子卖了。员工发现这件事后，都觉得张总是一个讲诚信的好老板，大家工作都格外卖力。没过几个月，流动资金开始富裕了，但张琴决定等一年之后再把房子买回来，不然又会出现流动资金短缺的问题。她没有打算招风投进来，而是决定给员工发奖金，以慰劳大家长期以来的辛苦付出。

与张琴不同，现实中许多女孩子都很浮躁，为了谋求一份好职业，就做出学历造假、经历造假的行为，弄丢了自己的诚信，结果得不偿失。

诚信的女人无论在生活还是工作中都是令人敬佩的，因为一诺千金不是随便说说的口头承诺，而是一言既出驷马难追的坚决和笃定，在这背后诚信女人需要付出难以想象的努力。

修炼

第一，对他人诚实。

第二，恪守诺言，兑现承诺。

第三，不要把你的诚信建立在其他人身上，形成一个连锁状态，否则有一环断掉便有可能形成巨大的诚信危机。

名言

遵守诺言就像保卫你的荣誉一样。

——巴尔扎克

水一样的女子也有铁一样的坚毅

坚毅是一个人的性格特征，也是一个女人成功的要素。女人固然可以温婉似水，却也可以蕴含一种坚毅的精神。看似柔弱的女儿身，也未尝不可英气勃发。其实正如有人说过的一句话，优秀的人往往是雌雄同体的。

有许多女人，在潜意识中自然而然地把自己当成了弱者，认为自己娇柔的性格是天生的，不应加以改变，甚至将其作为一种理直气壮的骄傲，大有将其进行到底的决心。

然而，在人生的路上，我们总会遇到各种各样的挫折与打击，它们可能会让人崩溃，也可能会让人奋发，成为人生成功的踏脚石。但是关键点在于需要自己去坚持，要你内心有着足够的坚毅，才能够支撑你渡过难关。

习惯于在他人帮助之下渡过难关的女人，当日后再次遇到困难的时候，首先想到的还是请求别人的帮助，选择继续做一个柔弱的女人却没有意识到自身潜藏的能量，这样就错过了一个自我认可的机会。

当然，也有不少女人自强不息，她们并不愿意接受他人的帮助，而是用自己坚韧不拔的毅力渡过人生的难关。当别人需要帮助的时候，她会无私地伸出援手，给对方一个坚持的支点和前行的动力，走过山重水复，迎来柳暗花明。

坚毅女人的性格是不做则已，要做就完满达成。这样的性格帮助她在事业上获得成功，无论任何事情，她都敢于打拼，并且能够带领团队一起进步。任何难题在她眼前，都只不过是一个又一个暂时未能攻克的堡垒。

即便有一次失败，她也不会一蹶不振，而会埋头研究，总结失败经验，为自己日后的成功打下深厚的基础，“失败是成功之母”这句已经家喻户晓的话，只有她才会真切体验到个中深意。

坚毅的女人足以勇敢地撑起她的家庭。家庭的责任在她心中有着超乎寻常的分量，无论家庭遇到怎样的艰难，她都可以担起生活的重担，以坚强和隐忍化解生活中的风刀霜剑。

遇到事情不畏难不退缩，这是坚毅女人所具有的品质。女人要坚毅不要柔弱，不要总是希望找他人的肩膀和胸怀来依靠，而要活成独立的一棵树，经得起狂风暴雨，如此，才会根深叶茂，活出自己的风采。

修炼

第一，要有天塌下来自己顶的思想。

第二，不要依靠他人，要学会独立。

第三，坚毅不是冷酷，而是内心的刚强。

第四，坚毅的性格是一个人的个性，需要不断地坚持。

第五，不要怕失败，也不要怕打击，需要在任何逆境中磨砺自己的坚毅。

谁有历经千辛万苦的意志，谁就能达到任何目的。

——米南德

像一朵水莲花不胜凉风的娇羞

曾经有诗人描述最美丽的是女人“那一低头的温柔，像一朵水莲花不胜凉风的娇羞”。有人会反驳，那是20世纪属于诗人的浪漫情结，现在是21世纪了，人们的价值观也应该改变了，不应坚持这些过时的审美观念了，要与时俱进。

于是，好像羞涩已经与这个时代格格不入，开朗大方才是时代主流，自我、张扬才是最美丽、最动人的时尚潮流。

其实不是这样，女性的羞涩依然是美丽的，让很多人怀恋的。它可以让人们想起学生时代的各种画面，只是都成为已经逝去的青春。在今天可以想见，羞涩是女人多么宝贵的一种状态。

羞涩的女人懂得进退，在人们都越来越冒进的时候，她采取以退为进的策略，不肯置身于众人的争夺战之中，只愿保持自己的一方清静。她善于把握分寸，不会让自己进退失据。

羞涩的女人懂得爱。羞涩从最原始来说是自然而然的害羞，这是每个人都具有的本能，而在女人身上表现出女性美的一部分。羞，是不好意思；涩，是不善言谈，不会直接表白。这种状态常见于与芳心暗许的人交流的情境中。这种羞涩表现出女子的含蓄与矜持，有一种令人怦然心动的魅力。羞涩是女性纯情的一种流露，她未语先羞的情态恰是表示内心微妙的情愫在萌动，是娇花欲语，是微云笼月，这种朦胧恰恰暗含了爱情本身妙不可言的美好。

无论男女都会对羞涩的女人有一种保护的欲望，因为看到她仿佛就看到了自己心中最纯真的部分，这样的一部分是最需要呵护的。羞涩仿佛给女人蒙上了一层面纱，带有一种朦胧的神秘感。

羞涩的女人是忠实的朋友。她会给你一种踏实的感觉，她本分，不愿占别人的便宜，是一个让人放松的女人。在一起的时候，她周身会散发一种宁静的气息，对友谊她会格外忠诚，也有为朋友豁出去的勇气，但是自身的羞涩却会始终如一，在缄默中她也会为朋友守口如瓶。

很多人觉得害羞的女人别有风情，文人墨客也往往会将其倾注笔端。但娇羞并非谁都能表现得恰如其分，这是一种天然的流露。它是女人的一种美好性格，是天然无污染的本性，我们要做的，就是返璞归真，让它重现自身的光彩。

修炼

第一，还原本能的害羞，由内心而生的羞涩。

第二，不提倡保守，但是要有女人的矜持。

第三，缄默也是一种羞涩的表现。

第四，碰到坏人，要收好羞涩，拿出自己勇敢和强大的一面。

名言

在我看来，真正的爱情表现在恋人对他的偶像采取含蓄、谦逊甚至羞涩的态度，而绝不是表现在随意流露热情和过早的亲昵。

——马克思

第三篇

冰雪净聪明，雷霆走精锐

很多女人既能搞定工作，又能把握住男人，还能管教好孩子，无论是工作还是生活，都可以安排妥帖，让工作、男人、孩子在她的生活中各安其位，用自己的聪明才智，使个人能力的发挥达到效率的最大化。

女人的柔软性和适应性使她可以灵活地适应各种场合，但是如果不够精明干练，就会使自己的工作和生活一团糟。容貌可以不倾国倾城，但是一定要学会打理自己的生活，为自己创造一个良好的周边环境。所以对女人来说，慵懒的习惯是要不得的。

第九章

玩转职场，你缺什么

在职场中，女人是一朵娇艳的玫瑰花，每时每刻都散发着迷人的芬芳。玫瑰美丽而带刺，它适合在职场的氛围中，慢慢绽放自己的美丽。

在职场中，做事用心，性格仅仅是一方面，在远离力量、以智力取胜的办公场所，我们并不比男人差。在体力方面，我们可能比不过男人，但是在智力、耐力方面却有着女人独特的优势。

正确定位你的职场与人生

大部分女人都需要工作，不仅要顾家，还需要跟男人一样在外工作，压力特别大。

但是，无论如何，女人都需要给自己的生活一个正确的定位，到底应该选择什么样的生活，从事什么职业，怎样才能养活自己，并且能够有所成就，让人生在未来能够有所发展。女人毕竟不能将希望完全寄托在男人的身上，关键时刻依然要靠自己。

因为女人更适合作为脑力劳动者，所以多数女人会选择做办公室里的工作，比如人力资源、会计等，这样的工作是有职称体系的，可以通过考试来让自己取得优秀的职称，进而在职场中越来越有潜力。通过职称来确定职场的地位，在很多地方都是如此。只要你能够在行业内坚持，并且不断地学习充电，那么肯定会迎来你人生中的辉煌。

如果你是做业务类工作，就需要把基础抓牢，这样才能做好业务，在不断积累人脉的情况下，逐渐提高业务水平，这样一加一大于二，获得好的业绩之后，人生也会更为充实，自己的精神世界也会日益富足。

如果是做管理类工作，就必须坚持最基本的职业准则，这样才能让自己在管理水平慢慢提高的同时，不犯错误，在遵守国家法律的前提下，给企业带来相应的收益，在收益颇丰的情况下，自己也能够获得认可和奖金。

在职场中，无论在一个单位做得有多好，每个人都可能跳槽。马云说过，“改行穷三年”，也就是说，一般情况下尽量别换行业，但是在危机感强烈的女人身上，什么都可能发生，可能稍一冲动，她就会换行业的。所以，女人最开始就要把行业选好，选行业不一定完全按照自己的喜好，因为工作毕竟是作为谋生的途径，你需要好好地把握自己的人生脉络，别给自己的人生留下遗憾。

换行业很难，不仅需要机遇，还需要稳定的心态，不然很难顺利过渡。每一个行业都有成功的人，而且长江后浪推前浪，所以如果到一个新的行业要稳定下心态，虽然你不见得能够成为老板，但是一定可以做一个好员工。只有当好员工的人，才能有机会当好老板，多数老板都是从业务员干起来的，也有一些行业内的公司，是业内优秀人士开起来的，比如会计师开会计公司。

而当一个好员工，不仅要有忠诚等最基本的品质，还要学会为了寻求更适宜的发展空间跳槽。如果你在一个公司做了几年，仍旧未成为中层，或者缺少理想的工作氛围，或者没有学到自己想要学习的职业技能，等等，这些理由都足以让你做出跳槽的选择。

从职业角度来说，一个人要寻求发展，必定是要跳槽的，当你工作4~5年后，成为一位拥有专业技术的资深人士，这个时候就有了薪资增长的要求。

女人跟男人跳槽不同，女人跳槽要考虑的事情更生活化一些，比如公司在女员工生育方面是否有福利制度，平时的工作压力大不大等，所以女人跳槽比较难迅速找到适合的公司，这就需要长期的物色和综合考虑，并不仅仅是为了跳槽而跳槽。

这样的职场定位很重要，大致需要你考虑以下几个问题：第一，你想做什么，你是想提高薪资，还是想有所收获；第二，你想成为什么样的人，比如是物质上富足的人，还是有一定权力的人；第三，你为什么要这样做，到底是什么限制了你。这些问题都需要考虑清楚。

修炼

第一，选择自己的职业方向，想清楚自己要从事什么样的职业，是选感兴趣的，还是选长期稳定的。

第二，换行业，该换就换，不过需要谋而后定，看稳了再行动。

第三，跳槽的时候，不要惊动太多人，站好最后一班岗。

第四，不见兔子不撒鹰，不轻信口头承诺。

第五，要了解对方公司的环境，法律方面的事务，以及老板的为人，是否有性骚扰的传闻，等等。

名言

尽忠职守，勤奋工作，并且热爱荣耀相信自己的直觉。

——李奥贝纳

不要带着情绪的包袱行走江湖

女人在职场中，很容易管不住自己的情绪，当情绪失控，能力就会因此被削弱，从而影响了自己的发挥。如果抛开情绪的因素，很多女人可能会成功，但是很少有人能够不被情绪影响，所以管好情绪很重要。

管理自己的情绪，其实就是管理好自己的人生，如果把情绪随便释放出来，就容易暴露自己的弱点，导致在行走职场的过程中遇到各种问题。

有人说，无论长相是否漂亮，一个女人一定要活得漂亮。活得漂亮就需要生活、工作都打理得漂亮，其中工作干得漂亮是必需的，而把工作做好的前提是情绪稳定。

我们在工作中经常会产生各种情绪，一时又不知如何正确地应对。比如遇到让自己无法忍受的人或事，如果忍气吞声，回家就会跟丈夫吵嘴，于是丈夫成了出气筒。如果不忍气吞声，当场发泄坏情绪，结果就是双方都很难堪，谁也不好过。所以，在工作中要避免被坏情绪冲昏了头脑，那样对自己一点儿好处也没有。

都说嫉妒情绪能让人妒火中烧，这话不假。当他人很出色的时候，自己做同样的工作没有做好，不从自己的身上找原因，反而怨恨他人，这是一种无能的表现。把自己坏情绪的根源放在别人身上的人，实际上也是最可怜的，这样即使自己完成了某件事情，可是嫉妒的烈火依然在心中燃烧，实则害人害己。

恐惧情绪。按照弗洛伊德的定义，青年人的恐惧应该是和童年或者之前的经历相关。当我们碰到相同的或者类似的情况时，就会唤醒记忆深处沉睡的恐惧情绪。这样的情况在职场中其实也很常见。

当有些人像学生一样，被大声训斥时，其实他们的内心是排斥的，觉得作为一个成年人被训很伤自尊心，这种时候的反应也分两种，分别是沉默和对抗。这两种反应，前一种是忍，后一种是反抗，而无论哪种情况，最终都是在抗拒恐惧。抗拒恐惧的过程其实也是一种学习的过程，当获得大量的沉淀之后，你会慢慢摆脱它的困扰。

愤怒情绪。愤怒情绪是最常见的，当看到不顺心意的人和事情，人们就会产生愤怒的情绪，这样的情绪甚至影响着每个人的人生走向。

在人生的境遇中，往往打破平衡的是愤怒情绪，而控制住愤怒情绪是很多女人都难以做到的。要控制愤怒情绪，首先，要分析愤怒的原因，其次，从根源上去化解，也许根源不过是微不足道的一件事，完全不值得我们为之伤神。

还有怨恨、抑郁等情绪，都会让人生变得失去平衡，如果一个女人在情绪之中走了一条岔路，而没有人提醒和帮助她，她就很难摆脱坏情绪的影响。

修炼

转换一下情绪，可以让自己重新获得正面的能量。唤醒内心的信心、爱、希望、热情，换一种心态，其实就是换一种情绪，把自己坏的情绪淡化，让自己好的情绪出现，这是自我的修炼。

名言

成功的秘诀就在于懂得怎样控制痛苦与快乐这股力量，而不为这股力量所反制。如果你能做到这点，就能掌握住自己的人生，反之，你的人生就无法掌握。

——安东尼·罗宾斯

聪明的女人会装傻

在工作中，我们会遇到形形色色的人，有些人具有攻击性，说话做事也往往咄咄逼人，如果这个时候你选择反击，那么肯定会陷入双方较量僵持的局面，这个时候很难说谁是胜利者，而胜利后的炫耀其实尤为可怜。

此时女人要学会适当地装傻，以柔克刚。因为这样的意气之争并没有什么好处，聪明女人一般都会淡然处之，所以适当地装傻让自己避免过于劳神，是一种成熟的表现。

装傻其实并不被人待见，因为装傻的人看起来并不聪明，所以很多人不愿意去装傻，而往往选择正面交锋，或者索性无策略地后退。

这里的装傻其实是一种策略，有策略地后退，并不是真正的撤退，这里是需要大智慧的，不仅是说话，还有办事，都蕴含大智慧在里面，正所谓大智若愚。虽然很多人并不理解这种智慧，但是有智慧的人必定深明个中妙处。

有一些女人干脆忍气吞声，一直忍让于人，觉得自己总有一天可以一发冲天，不会被他人所挤压，其实这是一个认知的误区，也是一个性格的误区，这很容易导致其非此即彼的想法，最容易造就一批偏激的人。

而真正装傻的女人必定是聪明的女人，她们知道进退，不是一退再退，而是策略性地退后一步，以此换来周旋的余地。装傻的女人只是把小事情模糊处理，这样避免了冲突。在没有和对方交锋的前提下，她们不做无谓的牺牲，会让自己保存力量，转而去做对自己更重要的事情。其实这是一种进步，这样才能让自己更加精力充沛地面对世界。

装傻的艺术，最重要的在于一个“装”字，所谓“假作真来真亦假”。装傻的女人要让自己知道，什么时候应该走出这样的状态，不要让内心也沉浸其中。此外要注意过犹不及，一旦矫揉造作，痕迹过于明显，就会适得其反，其实于我们来说，它不过是保护自身的一种策略罢了。

修炼

第一，小事情可以模糊处理。需要抓大放小，一些小事情可以直接模糊过去即可，让人们知道你是做大事的人。具体的小事情太多的话，可以统一处理，在制度上加以完善。

第二，不露高明，不纠正他人的错误。别高调地表现自己，当他人在表达的时候，不要急于马上反驳，即使是跟自己关系很亲近的同事，也不要当众反驳。

每对夫妻中至少有一个是傻子。

——菲尔丁

柔和但不柔弱

在职场中，女人最大的弱势是柔性，最大的优势也是柔性。

最大的优势是柔性，是因为女人可以正确地运用柔性，以柔克刚，把他人的刚硬用柔性来软化，做到极致，这样可以把事情做到位，让他人信服。

当女人觉得自己的弱势是柔性的时候，她就会把刚性加在自己的身上，让自己强硬起来，开始具有拍板的能力和魅力，暂时把柔性放到一边，这样可以保护自己，也可以把事做好。

这样的女人因为吃过柔性的亏，所以比较极端地走到刚性的一面，这样非此即彼的动向在初期的时候可以起到一定的作用，但这种极端的性格是有缺陷的，需要柔性来弥补。

柔性的力量是伟大的，拿水举例最形象，水是柔性的，可以化解很多事物的冲击，“水滴石穿”，这样柔和的力量侵蚀着石头，可以穿透看似坚不可摧的岩石，展现流水的强大力量。

特别是在职场中，女人的柔和力量也是非常重要的，可以处理很多突发事件。比如，在谈判的时候，双方发生了口角，直接破坏了谈判的氛围，而且情况越来越紧急，随时都可能发生肢体的冲突。正在大家的劝说无济于事的时候，高跟鞋“咚咚”的声音传了过来，一名温柔大方的女职员出现了，从她嘴里传来一个温和的声音：“作为绅士的大家，能够停一停吗？”想不到现场马上安静，两个濒临直接动手的人也放开了对方，各自整理衣服、头发。一触即发的危机消除了，两边重新开始公正的洽谈。

柔和的气场可以把现场的火爆气氛直接压下去，这样才能让整个谈判继续进行，这样的气场并非每个人都有。

职场女性外在要干净利落不假，但是内心要柔和，学会把握好自己柔和的力量，让自己快速提升。

修炼

第一，修炼自己的柔性。

第二，调整自己的刚性。

第三，抓住使用柔和力量的机会。

可以借鉴太极拳的以柔克刚。太极拳的“柔”并不是彻底的松懈，它把全身作为一个有机体，以柔为体，以不争为用，突出尚柔、贵化、善走，反对好勇、斗狠、顶抗，主张欲取之必先纵之的策略，通过运用柔曲之术，创造条件使对方“触处成圆，落点成空”，走向其愿望的反面，最终陷入被动挨打的境地。

太柔则靡，太刚则折；刚自柔出，柔能克刚。

——曾国藩

第十章

幸福婚姻需要“小火慢熬”

婚姻如同一所学校，要靠自己的悟性学会两性间的沟通、理解。耐心是婚姻幸福的平衡点。在婚姻的围城里，谁更有耐心，谁的婚姻就更持久。在婚姻的迷宫里，我们只有学会耐心地寻找出口，耐心经营，才不会窒息其中，困死围城。

婚姻需要“小火慢熬”，而不是“大火快炒”，因为婚姻是一辈子的事情，并不是一锤子的买卖，结婚只是幸福的开始而已。

做贤惠温柔的女人，让他一辈子敬重、疼爱你

在婚姻中，贤妻良母是男人给予女人的赞誉，同样也是婚姻的要求。很多女人脾气倔强强硬，有种宁折不弯的劲儿，似乎较着劲就是不做一个贤惠的妻子。

良母不是那么好当的，有些女人愿意让自己多一些休息的时间，把孩子丢给老人带，自己可以有足够的逛街、吃饭、睡觉的时间。但是愿意陪伴孩子的女人还是占多数。曾经有一个女人这样描写她每天将女儿放在家里去上班的场景，“暮色一起，心就乱了方寸，眼泪就要滂沱”，于是一路牵肠挂肚地往家赶，到家时女儿早已酣睡，全然不知刚刚疲惫归来的母亲的心情。

良母难做，而贤妻也不易当。女人们经常抱怨，自己不仅要上班，还要回家做饭，带孩子不说，还要照顾老人，觉得自己每天都在忙碌之中，倍感疲惫。

那么贤惠的定义到底是什么？贤惠的女人在当今为什么仍旧吃香？贤惠的女人一直被称为好女人，贤惠指女人有德行，态度和气，善良温顺而通情达理，心灵手巧。几乎所有的男人都以娶到这样的妻子为荣。

不可否认，每个女人的内心深处都是善良的，但是坏脾气让别人忘记她的善良。贤惠的对立词语是自私，不少人觉得结婚了就应该过得舒服一点儿，于是什么都先想到自己，觉得自己怎样舒服就怎样来。她们毫无顾忌地挥霍着自己的青春，自己的金钱，自己的人生。

当金钱越来越少的时候，有些女人怨念便越来越大。但是她们没有什么兴趣去工作，于是事业也越做越差，让自己的人生都变得不尽如人意。也有不少女人奋起直追，在工作中找到了自己的生活方式，却忘记了家庭，反而觉得这样才是她们的生活。其实这样也是很痛苦的，因为她们的人生中少了另一种东西，是无法替代的家庭温馨。

贤惠的女人持家有道。做家务她必定是一把好手，把自己的家里整理得干干净净。不少女人现在还在租房子，以这是别人家的房子为借口不收拾，可这也是自己的家，将家里打理得干净整洁，自己身在其中也会赏心悦目。

在做家务方面，有些女人喜欢请保姆，还有些女人习惯于使唤男人，但是无论如何，自己一定要参与进来。另外适当的时候，可以发动全家总动员，大家一起干活，可以增进感情，培养默契，有利于营造和谐的家庭氛围。

贤惠的女人相夫教子。相夫教子，就是辅佐丈夫、教育孩子。在生活上照顾好丈夫，在事业上对他进行辅佐，提醒他应该做什么，要与人为善，要工作勤勉，要清廉如水。而教育孩子，就要全身心地关注他的成长，提供好的学习环境。

贤惠的女人孝顺父母。为人子女，必定要孝顺自己的父母，也要孝顺自己的公婆，让老人在晚年生活得舒心。有些男人大大咧咧，想到的多是公事，在私人的事情上经常有漏洞，这些方面还是女人做得最好，而且贤惠的女人做得更好。

贤惠的女人心地善良。她的心里一直充满正能量，觉得这个世界充满着幸福，家里的人都不错，即使有一些小毛病，也是生活中最真实的一面。她很少与人发生矛盾，习惯于站在他人的角度思考问题，为他人着想，“与人为善”是她为人处世恪守的准则。

贤惠的女人通情达理。心地善良决定了她的通情达理，她家人和友人都很照顾，做事情很讲道理，很会体谅他人，并不会给他人设置关卡，处理事情不会情绪暴躁，即使是特别严重的问题，内心深处也会去体贴他人，从自身出发，发现自己的问题，寻找合理的解决办法。

虽然已经是现代社会了，但是女人的贤惠依然是得到社会普遍赞赏的，因为贤惠是非常珍贵的品质，它让女人散发出无限魅力。

修炼

第一，善良，这是女人最重要的品质，而百善孝为先。

第二，知书达礼，这是女人最基本的行为准则，尊重别人就是尊重自己。

第三，乐观知足者，青春常在，对生活抱有平常心，无论什么生活，都能乐享其中。

第四，拒绝灯红酒绿，不对异性过分热情。

第五，喜欢读书和音乐，有工作能力，有一技之长。

妻贤夫祸少。

——曹雪芹

爱不是改变对方，而是一起成长

在婚姻生活中，两个人最容易感情破裂的原因是差距变大了。

所以，夫妻一定要共同进步。很多女人会选择找一个潜力股丈夫，而潜力股丈夫的学业、事业上的成就会对自己的人生造成什么样的影响，女人一点儿都没有察觉。

当潜力股丈夫开始发迹的时候，每个女人都会做好自己的后勤工作，把丈夫的生活照顾好，把家里各方面都打理妥帖，用心教育孩子，免去丈夫在家庭方面的后顾之忧，做好女人自己的本分。

诚然每个成功男人的背后都有一个优秀的女人，这样的女人才是男人成功的动力源泉，成功之后的男人会觉得自己的妻子非常不错，自己的成功肯定有妻子的一半，所以对妻子也很好。

可是另一方面男人功成名就之后，会受到来自外界的诸多诱惑，无论是地位、金钱、荣誉还是美丽的女人，都会让他眼花缭乱。随之他对周围人的态度也会发生微妙的变化。

有些事情并不是以人的意志力为转移的，女人觉得男人会信守当年执子之手的誓言，可是最大的不可抗力就是沧海桑田。男人也许会觉得自己的女人伴侣跟不上自己目前的步伐，于是对她挑剔有加，觉得她应该改变自己。

而女人会觉得自己劳苦功高，于是不愿改变，觉得安享人生的日子才刚刚开始，却忽略了男人已经悄然发生的改变。男女之间的“战争”由此开始，双方都觉得自己是优秀的人，结果女人败给了自己的停滞不前和不肯改变的固执。

那么如何防止这种情况发生呢？首先，女人是应该改变的，需要提高自己的修养。其次，女人要适当地关注并且劝诫男人。最后，女人要引导男人走向成功的更高境界。

女人要以不变应万变，需要有很高的智慧，了解男人的最新思想，走进男人的内心，这样你才能跟他一起进步，同时保有自信和魅力。

当然，还有一种情况，如果女人成功了，男人心理一般是不平衡的，一旦女人比自己成功，他会感到自卑和落寞。

这时女人要开始引导男人，让男人跟上自己的脚步，这样两个人才有共同语言。不能因为一起生活得久了，回家后就什么话题都

没有了，只剩相对无言。正如鲁迅所说：“爱情必须时时更新，生长，创造。”即便在今天，这句话也依然可以作为维持婚姻中两人感情的信条。

修炼

第一，如果男人发迹了，女人一定要戒骄戒躁，不要傲慢，也不要炫耀。

第二，一定要跟上对方的脚步，不让自己落后，需要跟上对方的思维，可以听取对方的意见，然后自己进行分析，持续学习和进步。

进步，才是人应该有的现象。

——雨果

好老公是调教出来的

无论是在身体还是心智上，女人往往都要比男人成熟得早。所以许多女人选择结婚对象时倾向于找比自己年龄大的男人。可是很多时候也未见得很成熟，一样会需要女人操心。

从科学上来讲这是有道理的。因为在生理上，女人比男人早发育2年，从青春期的时候，女人就比男人早一步发育。据国外的一项研究发现，32岁是女人完全成熟的年龄，而男人的完全成熟年龄是43岁，足足比女人晚11年。另外，接近一半的女人有这样的感觉：面对男人，她们扮演的仿佛是母亲的角色，需要照顾一个长不大的孩子。

男人不成熟有很多种表现方式，比如不注重自己的仪态，在午夜的时候吃快餐食品，在争吵之后沉默不语，平时不会做饭和收拾房间，喜欢玩电脑游戏等，这些都是女人所讨厌的。

于是很多女人都在调教丈夫，想把丈夫调教成理想中的好男人，但是具体实施起来冲突不断。妻子如何才能将丈夫调教成心中预设的那个角色呢？

培养男人做家务的习惯。现代社会，有些男人的运动越来越少了，睡眠也越来越少了，于是一般周末的时间就拿来睡觉，把自己的周末完全交给了睡眠。这个时候，你要调整男人的作息，让他做做家务，每周一次大扫除，这也是让大脑得到休息的一种方式。男人会觉得拥有周末的家庭时光是一件很开心的事情，这对于他来说也是一种放松。

培养男人顾家的习惯，这个是最重要的。

男人不按时回家的借口多数是：应酬多，和朋友在一起玩。对于男人来说，即便再晚也应该回家，因为家里有女人在为他守候。为什么他甘愿去应酬而不回家，有可能是家里的氛围让他不开心。这个时候，女人要想办法让他留恋这个家，可以每天早上出门的时候，给他一句“我爱你”，表情一定要深情，让他觉得家里有一个贤惠的女人在等他。此外，女人要好好地打扮自己，这样，男人审美疲劳的借口就会消失。还有，你可以尝试提升自己的厨艺，买几本菜谱，做几道可口的小菜，这是在调教男人的胃。也可以跟男人一起做菜，让男人参与进来，毕竟自己做的东西最美味。

调教男人可谓一门学问。它不在于一朝一夕，而在于长久的努力，并且要将其渗入到生活的每个细节，让男人在不知不觉中受到润物无声的感染。

修炼

第一，设定计划，订立规矩，包括理财在内。

第二，在潜移默化之中，进行影响。

第三，要学会利用语言，会激将，还要会哄。

第四，赞美有术。

第五，激发男人的责任感。

第六，假借身体不舒服为名，让他照顾。

第七，对外善于用宣传形成压力，让他美名在外。

一个好女人，是男人的一座伟大学校。

——苏霍姆林斯基

吵架也可以不伤感情

大家或许听说过这样一种观点：夫妻越吵越恩爱，如果不吵架，往往说明夫妻之间的感情就快要结束了。在多数吵架的人看来，这似乎很有道理。

但是，吵架很伤感情，这一点是众所周知的。但两个人之间难免会有各种矛盾产生，总会有一方按捺不住直接挑明问题，甚至会压制不住自己的怒火，索性直接“开炮”。一般来讲，怒火积压得越久，争吵也就越发厉害。

向来没有吵架意图的人几乎为零，如果不吵架，那么心中压抑的愤懑也就无从发泄。如果不小吵，那就会集中爆发成为大吵，结果便是双方都被这枚炸弹炸得伤痕累累。

综上所述，吵架是不可避免的，那么如何才能让吵架适可而止，减少对感情的伤害呢?

第一，有意识地停止吵架。这样往往只能暂时解决问题，等到某个节点，还是会出现吵架的现象的。

但是这可以解燃眉之急，让吵架暂时停止，让双方在冷静中有一个思考的时间，心中的愤怒随着时间慢慢降低温度，然后彼此回忆起对方的好处，从而暂时休兵。

实际上，吵架暂时停止了，可是引起吵架的一些问题并未从源头上解决，所以下次碰到类似的问题，双方还是会吵起来的，因为这样的问题并不是很快就能解决的。倘若是理性的人，可能不会吵起来，但是如果感性战胜了理性，只要有一方头脑发热，还是会重新“开战”的。

如果只是琐碎小事引发的矛盾，一般没有什么问题，倘若是关系到价值观的问题，那就比较难办了，因为双方无法达成共识，争吵必不可免。即使一方让着另一方，也只是暂时的妥协，最后还是会因此而怒火复燃的。

第二，使用幽默感调节气氛。

这需要你有幽默的细胞，还需要有厚脸皮的一面。吵架的过程中适时的幽默一下，逗他发笑，即便他依然绷着脸，但是几句话下来，即便原先剑拔弩张的氛围也会在笑声中化解的。

婚姻是一场修行，该妥协的时候不妨妥协。不要随便说“离婚”二字，婚姻中，要小性子不仅仅是不成熟，也是一种不负责任的做法。

修炼

第一，学会幽默。

第二，学会撒娇。

第三，不要让眼泪流到肚子里。

第四，学会给对方台阶。摸清楚对方的性格，看他是吃软还是吃硬，然后对症下药。

还有一个解决吵架的招数或者规则：双方各有1分钟的陈述时间，超过了就要停止，在一方说话的时候，另一方不要说话，认真倾听，如此循环，直到双方都能心平气和地讲话为止。

名言

互相研究了3周，相爱了3个月，吵了3年，彼此忍耐了30年——然后，轮到孩子们来重复同样的事。这叫作结婚。

——泰恩

第十一章

每位母亲都是全世界最好的女人

教育孩子是女人一生的事情，因为孩子从一生下来，就是妈妈心头的重任。妈妈不仅要赋予他生命，带他来到人间，还要让他快乐地成长。并不一定给他丰裕的物质财富，却要给他足够的能量和丰盈的心灵，这种能量来自内心，将支撑他坚定地走过人生漫漫长路。

好妈妈是孩子最好的老师

伴随着那一声呱呱的啼哭，幼小的生命降临人世。那一刻起你与孩子早已结下了今生的缘分。与此同时，你作为母亲的重任也降临肩头。人生长路漫漫，而你则是他的第一位老师，在日后的岁月里，你的言传身教，将成为他行囊中不可或缺的储备。什么样的父母，就会培养出什么样的孩子，母亲无疑是最早给孩子树立典范的那个人，而一位好妈妈则堪称孩子最好的老师。

孩子在懵懂地打量世界的时候，如同蹒跚学步一般，更多的是在模仿父母的一言一行，此时的孩子可塑性极强，可谓学什么像什么，但是如果妈妈不改掉自己的坏习惯，被孩子学去了，日积月累，就会对其造成不好的影响。

虽然很多坏习惯并不是致命的，但是会影响孩子的性格，甚至会影响孩子的学业、人际交往。所以父母要做好自己，做优秀的家长，这样才能成就优秀的孩子。

在这方面，妈妈一定要学会以身作则，而不能“只许州官放火，不许百姓点灯”。比如现在人们把更多的时间放在玩电脑、手机上，有些妈妈喜欢玩游戏，回到家里的第一件事情就是迫不及待地打开电脑玩游戏，家务活都推给爸爸。但是就在她专注地玩游戏的时候，孩子早已在身后把这一切都看在了眼里。等她离开电脑做事情的时候，早已跃跃欲试的孩子已经学着玩游戏，还玩得煞有介事，她看到这一幕之后大惊失色。一般的妈妈会直接关掉电脑，对孩子说：“你现在还小，等你长大了再玩。”那么孩子会问：“我现在就会玩了，为什么还要等长大之后呢？”母亲会回答：“玩游戏的孩子不是好孩子。”但是如果孩子反问过来：“玩游戏的妈妈是好妈妈吗？”这时妈妈就会被问得哑口无言。最明智的回答是：“妈妈做错了事情，那么改正好吗？知错能改就是好妈妈，你能原谅妈妈吗？”

发现孩子沉迷于游戏时，不要打骂孩子，而要耐心地引导，让他知道游戏对人的影响，对学业的影响，对智慧的影响，甚至对性格的影响，从而有所节制。

避免孩子沾染不良嗜好的办法，是在生活中培养孩子其他方面的兴趣，比如武术、运动等，这样可以丰富孩子的生活，增加他的

智慧，还能让他有一技之长。

如果妈妈平日有粗暴的语言习惯，孩子就会模仿，并且学以致用，在学校骂人。为了避免出现这种现象，妈妈在平日一定要把好自己的语言这一关。

过分地注重物质和外表也会让孩子的内心受到很大的影响。许多孩子喜欢在外面炫富，这也折射出了一个家庭的素养以及教育理念。

有些比较富裕的家庭，不自觉地存在暴发户的思想和行为，比如在家里，总是流露出因为财富而产生的优越感，如此一来，孩子很容易模仿大人产生虚荣的心理。

在学业这方面，妈妈是最容易攀比的，但是孩子往往是最无奈的。很多孩子可能没有邻居家的小伙伴学习成绩优秀，所以，妈妈如果一直强调要孩子将其作为学习的榜样，孩子就会产生逆反心理，更加不愿意好好学习。

很多妈妈把自己的攀比心理传染给了孩子还茫然不知，这样孩子在同学中往往很难交到好朋友，只有一些爱攀比的同学会聚集左右，长此以往，对孩子的成长非常不利。

有的妈妈只喜欢奖不喜欢罚，结果孩子的很多错误都得不到纠正。还有一些妈妈太过保护孩子，导致孩子正常的交友活动也会被阻止。以及在教育孩子的过程中，父母双方会出现分歧，其实孩子的不听管教恰恰是父母以及家人的意见不统一造成的，管孩子是双方共同参与的事情，如果在教育孩子的思想方面出现了对立，那么对孩子的教育也会茫然不知所措。

其实说的例子再多，还是需要妈妈们不断完善自身，这样才能去影响孩子，做好孩子人生中的第一位老师。

修炼

第一，反省自己，看看自己身上到底有多少毛病，记下来。

第二，让朋友看自己到底有多少毛病，记下来。

第三，按照笔记中的问题，改变自己。

第四，在生活中不断地提升自己。

名言

所有杰出的非凡人物，都有出色的母亲。

——狄更斯

孩子不是你的私有财产

作为一个独立的个体，孩子不是一个人的私产，并非你想怎么样，就可以把他变成什么样。很多人在孩子出生之前就把他未来的路都想好了，并且觉得这样的人生才是最好的人生，而完全没有考虑孩子的意愿和感受。

有的父母把自己儿时所没有达成的愿望，寄托在孩子的身上，觉得孩子肯定能够完成自己的梦想。比如直接选择让孩子学钢琴，但孩子本来喜爱美术，结果孩子的梦想就成了父母愿望的牺牲品。父母为了自己年轻时的缺憾，而选择让孩子的梦想破灭，这其实是一种自私的选择。

有的父母为了圆自己“国学教育”的梦想，直接让孩子高中退学，虽然孩子不同意，但在父母的逼迫下就范了，不得不接受私塾教育。

这些父母完全没有照顾孩子的感受，不自觉中泯灭了孩子的天性，甚至把孩子引入了一个他并不想进入的世界。还有的父母以“为孩子好”为借口，侵犯孩子的隐私，偷看孩子的空间和日记，周末不让孩子出去，出去玩一定要由自己陪同，让孩子在这种爱的压力下接近窒息。

这类父母往往迷信于自己作为家长的权威，头脑中早就形成了一种惯性思维：“我从小把孩子养大，供他吃穿供他上学，所以孩子必须听我的！”从某种意义上来说，他们实际上是把孩子当成私有财产，好比一只宠物，而不是基于平等的人格来尊重孩子，将孩子当成一个同样具有尊严的“人”。他们要求孩子对自己的话无条件地服从，要孩子知道的是“做什么”，却从来懒得解释“为什么”要这样做。结果却往往事与愿违。

在美国有一个叫塞达斯的孩子，他的母亲是哈佛大学心理学专业的荣誉教授。小塞达斯出生之前，母亲就希望倾尽全力将他培养成一个天才。他刚出生不久，就被包围在英文字母和各种教科书之中，几何、地理和外语，仿佛就是他生活的全部，整个婴幼儿时期变成了他独自苦读的过程。

塞达斯果然不负母亲期望，刚刚4岁就已经发表了3篇500字的文章。13岁时，他被哈佛大学破格录取。虽然早慧令他成为天才，但巨大的压力使他的神经系统开始失常，14岁被作为精神病患者送进医院。虽然在痊愈后，他成为哈佛一名优秀的毕业生，但他对母亲的实验和整个世界都怀有深深的抵触，最后突然离家出走，做了一个普通的商店营业员，这是令他母亲始料未及的结果。

上例中的母亲对孩子表现出极强的占有欲和掌控欲，其实这种心理在生活中并不少见。一直以来人们都在讨论的婆媳关系问题，某种程度上也反映了母亲的这种微妙心理。在儿子结婚之前，母亲会对他疼爱备至，这种情况下儿子也会对母亲有一种格外的依恋。而当一个女孩走进儿子的生命之中时，有些母亲会觉得这个女孩抢走了自己的儿子，分割了儿子原先对自己的爱，于是婆媳之间的相处，倒像是两个女人在为一个男人进行一场看不见的较量。

可能有的男人自幼在母亲的权威下长大，几乎已经成为母亲的一部分，在母亲面前唯唯诺诺，不敢有半点儿异议，这样其实根本没有成长为一个真正意义上的男人，缺少那种顶天立地的男儿阳刚之气，妻子在婚后也会倍感痛苦，因为发现丈夫原来是一个没有独立人格的男人。而出现这种情况，究其根源，还是母亲将孩子当作自己私产的理念在作祟。

综上所述，虽说孩子是母亲十月怀胎所生，然而他并不属于母亲的私产，如同诗人纪伯伦所说：“他们是生命之火的儿女。”而汪曾祺老人说得更简洁明了：“儿女是他们自己的。”孩子是万物之灵，对他们教育的目的，最终是要他们热爱生命，快乐地成长。

所以，作为孩子的老师，母亲需要让孩子独立，让他处理好自己遇到的事情，这样今后他才能活出自己的人生。不要一直让孩子躲在自己的荫庇之下，需要慢慢地放手，让孩子自己勇敢前行。

修炼

第一，正确认识孩子。

第二，不要把自己的想法强加在孩子的身上。

第三，对等地聊天，知道他的想法。

第四，引导、鼓励他形成自己独立的人格。

名言

为了成功地生活，少年人必须学习自立，铲除埋伏各处的障碍，家庭要教养他，使他具有为人所认可的独立人格。

——戴尔·卡耐基

帮助孩子养成良好的习惯

好习惯会伴随孩子的一生，这需要家长从小开始培养，并且时常督促。

孩子的好习惯需要家长的培养，而不是放养。很多家长时常为自己的放养找借口，觉得这样才是民主，其实容易让孩子养成很多坏毛病。

在家庭教育中，妈妈一般比较有耐心，所以教育孩子的重任多半落到了妈妈的身上。如何让孩子养成自我约束的好习惯呢？首先要从小培养孩子的责任感，责任感将会伴随孩子从青葱的少年时期顺利步入独立的成人阶段。而很多妈妈溺爱孩子，导致孩子缺乏责任感，认为一切都理所应当，不需要自己承担责任，完全不顾他人的感受。培养孩子的责任心可谓家庭教育中的重中之重，因为责任心决定着孩子在工作中和生活中对待事物的基本态度。

那么，我们要培养孩子哪些好习惯呢？

第一，要让孩子独立完成事情。妈妈要有意识地交给孩子一些任务，让他去独立完成。孩子遇到困难的时候，妈妈在旁边可以指导，但是不能代替做完，这样才能让孩子养成独立做事的习惯。这种习惯要从小培养，可以逐渐交给孩子一些难一点儿的任务，从简单到难，这样循序渐进。

第二，要让孩子做事有始有终。很多孩子做事情的时候，遇到一点儿困难就马上放弃了，如果家长要求他坚持做完，他可能就会开始哭闹。如果这个时候家长妥协，那么就错过了一次教育孩子的好机会。此时要衡量一下这件事情对于孩子来说的难易程度是否合理，在孩子坚持的过程中，妈妈要注意检查、监督，对结果进行评价，需要有表扬和批评，不能一切都按照孩子的性子来，而要让他懂得做事不能半途而废。

第三，要让孩子勇于承担责任。做错了事情，需要负责，比如因为自己的行为导致物品的损坏，一定要向人道歉并进行赔偿。懂得认错的孩子，会有很强的责任心，之后会谨记这个教训，避免犯同样的错误。

第四，要让孩子学会专心做事。很多成年人三心二意、浮躁不安，做事情不认真，这多数是小时候父母没有帮其培养好习惯的结

果。小时候，孩子很难安静地做一件事情，原因在于缺少恒心和毅力，也没有明确的方向。比如做作业，会东张西望，心不在焉，拖拖拉拉，结果就是作业一直写到很晚，这种习惯如果没有得到及时纠正，就会一直影响孩子长大后的生活。

可以给孩子一个安静的环境，让他自己制订作息时间，在规定的时间内认真完成作业。如果孩子太小，可以每学习10分钟后，玩20分钟，这样能避免孩子的疲惫影响完成质量。

第五，让孩子学会积极主动地去思考探索。孩子往往有很强烈的好奇心，这时就需要妈妈富于耐心地解答孩子的很多问题，同时要引导孩子用心观察探索，启发他思考一些生活中出现的问题，思考事情的背后有什么原因，引导他正确地认识周围的世界。

妈妈可以多给孩子讲一些有趣的现象来启发他，这样做很多时候需要妈妈有丰富的知识，才不至于被孩子问倒。其实也可以跟孩子一起查资料，比如孩子想知道关于树木的知识，妈妈可以买一本关于植物的词典，和孩子一起阅读，让他了解其中的知识。

第六，让孩子热爱运动。健康的身体是孩子幸福人生的本钱。和孩子一起运动，让他体会到锻炼身体的好处。让运动成为一种习惯，比如设定一个锻炼计划，每天和孩子一起跑步，周末一起打球，等等。

第七，培养孩子节约的习惯。在生活中，节约用电、用水是对环境的保护，节约粮食是对农民辛苦劳动的尊重，节约时间是对自己的尊重。节约一切资源并不等于闲置，而是合理地规划利用，节约金钱也一样，合理利用，不要大手大脚，让孩子在心中形成理性节制的价值观。

修炼

第一，知道哪些习惯对孩子是有用处的，而且是受用终生的。

第二，开始制订计划并实行，循序渐进，雷打不动，这需要耐心和恒心。

孩子成功教育从好习惯培养开始。

——巴金

与孩子共同成长

人非完人，我们的一生中不免会犯错，这是很正常的事。有些人犯了错，虽然当时道歉了，但是过后还会重犯，并且时常会狡辩。这样的行为，当还是单身的时候，自己可能没有太多的感觉；一旦结婚了，虽然会有所收敛，但也时常控制不住；可是有了孩子之后，就会发现自己这样的性格很可怕，会给孩子做出不好的示范。

英国教育家斯宾塞将孩子比作家庭的一面镜子，认为孩子会映照出成人内心世界的一切，包括成人的情绪，都会在孩子身上映射出来。所以，作为母亲，如果想改变孩子，就要先改变自己。

正是有了孩子这面镜子，你也得到了更多改善和提高自己的机会。而反过来你的改变也必将影响到孩子，这就是教育中形成的一个良性互动。

曾经有一位叫苔丝的母亲，为了教育孩子的问题向斯宾塞求助。她的小女儿已经上小学了，天资聪颖，深得镇上人的喜欢。但是她发现的一个现象让自己忧心忡忡：女儿在教训同学时极为刻薄，对待成绩差的同学甚至流露出明显的蔑视，倘若有其他孩子做得比她好而得到称赞，她就会很生气地予以否认。女儿的这些表现令苔丝非常不安。

斯宾塞告诉苔丝，孩子即镜子，她表现出什么样，也就意味着母亲是什么样的状态。苔丝恍然大悟，反省自己，确实有待人刻薄和喜欢教训别人的毛病，于是积极改进，结果她的小女儿真的发生了可喜的变化，与周围同学的关系日益和睦。

斯宾塞还举了一个发生在他邻居身上的例子。

有一天，邻居前来拜访，说孩子的状态令他十分不安，总是无精打采，仿佛厌倦了一切。我的回答是，如果想知道孩子为什么这样，那就要从自己平日的言行中去找原因，你无精打采的声音是否已经流露出对生活的失望和厌倦，而妻子每日的尖叫是否让家中充满了紧张的氛围。他听后顿时醒悟。

从中我们可以看到，教育孩子的过程，实际上正是与孩子共同成长的过程。而母亲作为孩子的人生导师，则更应该把握与孩子共同成长的要点。

和孩子共同成长，并非“孩子学什么，我也学什么”。“成长”对于孩子来说，一方面是身体的健康发育；而另一方面则是在父母的引导下获得各种必备的能力并得到最大程度的发展。

而“成长”对于母亲的含义则包括以下几点：

第一，调整心态，保持生活规律，并从心理、思维和行动上成为一个真正合格的母亲。

大多数父母都知道疼爱孩子，为培养孩子不惜付出一切代价，但在意识深处依然存在着自我中心的权威意识，将自己的主观意愿强加给孩子，代替孩子做出决定。

与孩子共同成长，意味着要抛弃这种思维模式，而从孩子成长的角度出发，同时放弃自己一些不良的爱好与习惯，为了与孩子相处的需要而重新规划安排自己的生活。你要给孩子的是一个完整的妈妈，而绝非只是一个监护人、保姆、护士或者老师的角色。

比如，吸烟有害健康，孩子居住的环境不能有烟的存在，酒气熏天也是一种不良行为，会让孩子感受到不好的习惯。

第二，在体验中不断探索并了解孩子的特质和成长规律。对孩子的特质以及成长规律，虽然我们可能在其出生前便已经做过许多功课，但是真正的实战不同于纸上谈兵，仍然需要我们在培育孩子的过程中去总结和细心体会更多的经验。

每一个生命都是独一无二的，即便孩子有着共同的成长规律，每个孩子表现出的特质也因人而异。如果我们仅仅落实在知识的层面上，却不能从实践的角度来接受这些特点，那么就很难给孩子以适宜自身的教育，从而会影响孩子的成长。

第三，有目标、有计划地学习育儿理念、教养策略和实践技巧。如果母亲有正确的教育理念，那么她时刻都会留心学习有关孩子成长的知识，并且会有目标、有计划地去学习，为自己充电，以期获得可行的教养孩子的策略。

当然，我们在求学时期不曾接受过这方面的教育，又不能像从前那样只向父母长辈学习请教基本的育儿经验。当下的女人往往在经验上一片空白，只有靠自己在实践中不断摸索前进，于是学习意识和学习能力便显得尤为重要。

如果能够做到以上三条，那么你可以说得上是一位能够与孩子共同成长的母亲了。毕竟共同成长离不开亲子之间的良好互动，只有打破隔阂，建立良好的亲子沟通，才能使亲子关系处于良性的循环当中，从而为孩子的成长创造良好的家庭氛围，而作为母亲的你也会从中受益匪浅。

修炼

第一，要及时发现孩子的异常。

第二，要耐心听取孩子的建议。

第三，要不断反思自己的行为。

第四，跟着孩子的正确行为一起成长。

名言

父母仅仅会爱并不及格，父母必须接受训练，具有相当的质量才行。

——莫言